油气田管道和站场
完整性管理实践

任永苍　宫彦双　谭川江　吴　超　唐金娟　**等编著**

U0255171

中国石化出版社

·北京·

内 容 提 要

本书基于管道和站场完整性管理的探索与实践经验，从完整管理内涵、完整性管理顶层设计、完整性管理理论及管理策略、完整性管理体系、完整性管理平台建设、管道和站场完整性管理能力提升、完整性关键技术攻关以及管道和站场完整性管理发展愿景等8个方面，深入浅出、通俗易懂地进行了全方面、多角度的详细阐述，介绍了油气田管道和站场完整性管理理论、作用、管理策略和工作机制等内容。

本书可供油气田管道和站场设计、施工、运行和报废的全生命周期完整性管理的从业人员使用，也可作为油气田企业管道和站场全生命周期完整性管理人员的参考用书。

图书在版编目（CIP）数据

油气田管道和站场完整性管理实践 / 任永苍等编著.—北京：中国石化出版社，2024.3
ISBN 978－7－5114－7342－4

Ⅰ.①油…　Ⅱ.①任…　Ⅲ.①石油管道–站场–完整性–管理②天然气管道–站场–完整性–管理　Ⅳ.①TE973

中国国家版本馆CIP数据核字（2024）第060648号

中国石化出版社出版发行

地址：北京市东城区安定门外大街58号
邮编：100011　电话：（010）57512500
发行部电话：（010）57512575
http：//www.sinopec-press.com
E-mail：press@sinopec.com
北京艾普海德印刷有限公司印刷
全国各地新华书店经销

＊

710毫米×1000毫米16开本12印张192千字
2024年3月第1版　2024年3月第1次印刷
定价：68.00元

编委会

序 FOREWORD

随着我国经济社会发展，国内石油、天然气管道里程越来越长，管道保护面临的形势越来越复杂，管道一旦发生泄漏爆炸事故，将造成巨大的财产损失、人身伤害及环境破坏，传统的"被动抢维修"管理模式不能适应新时代安全环保要求。因此，国家发布了《油气输送管道完整性管理规范》(GB 32167)，管道管理进一步规范化，提高油气生产装置的本质安全水平已成必然趋势。

自 2014 年以来，中国石油天然气股份有限公司启动油气田管道和站场完整性管理研究和试点工作，取得了良好的效果。实践证明，完整性管理是提升油气田管道和站场本质安全水平、延长使用寿命、提高经济效益的有效手段，是实现管道和站场管理由"被动应对"向"主动预防"转变的重要途径。

塔里木油田于 2017 年启动了油气田管道和站场完整性管理试点工作，经过 6 年的努力，建成了沙漠油气田管道和站场完整性管理示范区、轮南油田防腐示范区、迪那采油气管理区设备完整性管理示范区，发挥了头羊作用；塔里木油田结合自身生产实际，以问题为导向，针对重难点和卡脖子技术开展攻关，形成了管道缺陷数据库、中口径高压厚壁管内检测技术、球罐状态在线监测技术、快速固化涂层技术、TLM 系列缓蚀剂配方等研究成果并在全油田推广应用。

《油气田管道和站场完整性管理实践》一书，从理论、技术和方法三个维度，详细阐述了塔里木油田公司完整性管理的成功经验做法和未来发展愿景，给出了油气田管道和站场完整性管理初级、中级和高级三个阶段特征和实施策略，对从事油气田管道和站场设计、施工、运行和报废的全生命周期完整性管理技术人员具有较好的借鉴和参考作用。相信《油气田管道和站场完整性管理实践》的出版，将有力推动油气田管道和站场完整性管理工作的标准化、规范化和系统化，为完整性管理技术提升和发展作出积极贡献！

张继

前　言 PREFACE

完整性管理是一种基于风险的管理模式，对预防和控制风险有着非常重要的作用，同时也是一种全生命周期的管理模式，对提质增效起到积极推动作用，有利于消除事故隐患，是油气田地面生产系统提升本质安全的最佳手段。

自 20 世纪 70 年代以来，为保障管道的运行安全，美国不断加强管道安全管理，并逐步提出管道管理相关理论及方法，1991 年基于风险的完整性管理首次由美国机械工程师学会（ASME）提出，并随着相关制度标准的不断发布完善，如 API 1160《危险液体管道的完整性管理》和 ASME B31.8S《输气管道系统完整性管理》等标准的发布，管道完整性管理理论方法也在不断完善，最大限度地减少油气管道事故的发生、延长油气管道的使用寿命、合理分配有限的管道维护费用。

21 世纪初，我国首次引进完整性管理理念。随着陕京管道完整性管理体系的建设及有效运用，完整性管理理念及策略也逐步在我国推广，完整性管理理念也在不断完善，相关的标准规范也在逐一发布，如 GB 32167《油气输送管道完整性管理规范》《中国石油天然气股份有限公司油气田管道和站场完整性管理规定》等。

本书基于 GB 32167 及中国石油天然气股份有限公司（正文简称"中石油"）相关要求，从完整管理内涵、完整性管理顶层设计、完整性管理理论发展、完整性管理体系、完整性管理平台、完整性管理能力提升、完整性管理技术攻关以及完整性管理发展愿景等 8 个方面，详细阐述了塔里木油田公司在管道和站场完整性管理的探索与实践经验，建立了较为完备的管理体系和运行机制，形成了运行高效的组织机构，培养了业务能力强的人员队伍，大幅度降低了管道失效率，促进了管道和站场安全、环保、效益、质量的协同发展。

本书参考了 GB 32167《油气输送管道完整性管理规范》《中国石油天然气股份有限公司油气田管道和站场完整性管理规定》及三个导则、SY/T 6621《输气管道系统完整性管理》《中国石油天然气股份有限公司油气田管道和站场完整性管理体系文件》等，并参阅了大量的国内外文献及相关资料，在此对原编著者深表感谢。

鉴于塔里木油田公司完整性管理现在正处于发展提升阶段，书中如有疏漏或不妥之处，诚恳欢迎使用单位及个人提出宝贵的意见和建议，以确保本书得到适时纠正和完善。

目 录 CONTENTS

第1章 概述

1.1 完整性管理内涵

完整性管理(Integrity Management)是指管理者不断根据最新信息，对管道和站场运营中面临的风险因素进行识别和评价，并不断采取针对性的风险减缓措施，将风险控制在合理、可接受的范围内，使管道和站场始终处于可控状态，预防和减少事故发生，为其安全经济运行提供保障。贯穿于油气田管道和站场的全生命周期，包括设计、采购、施工、投产、运行和废弃等各阶段，根据国家法律法规的要求，评价不断变化的管道和站场系统的风险因素，并对相应的管理与维护活动做出调整优化，实现我国石油高质量、安全健康、环境友好发展的重要目标，保障油气管道和站场的安全。

通过对管道和站场完整性管理内涵的剖析，进一步了解什么是管道和站场完整性管理。

1.1.1 管道完整性管理

管道完整性管理是指根据不断变化的管道因素，对油气田管道运营中面临的风险因素进行识别和技术评价，制定相应的风险控制对策，不断改善识别到的不利影响因素，从而将管道运营的风险水平控制在合理的、可接受的范围内，通过监测、检测、检验等各种方式，获取与专业管理相结合的管道完整性的信息，对可能使管道失效的主要威胁因素进行检测、检验，据此对管道的适应性进行评估，最终达到持续改进、减少和预防管道事故发生、经济合理地保证管道安全运行的目的。

根据 GB 32167—2015《油气输送管道完整性管理规范》，管道完整性为管道始终处于安全可靠的服役状态，主要包括：管道在结构和功能上是完整的；管道处于受控状态；管道的安全状态可满足当前运行要求。

为了满足管道完整性管理的有效运行，要遵守以下管理原则：

(1)在设计、建设和运行新管道系统时，应融入管道完整性管理的理念和做法；

(2)结合管道的特点，进行动态的完整性管理；

(3)建立管道完整性管理机构，制定管理流程，并辅以必要的手段；

(4)对所有与管道完整性管理有关的信息进行分析整合；

(5)必须持续不断地对管道进行完整性管理；

(6)在管道完整性管理过程中不断采用各种新技术，管道完整性管理是一个与时俱进的连续过程。

管道完整性管理是近年发展的以管道安全为目标的系统管理体系，是一种以可靠性为核心的风险预控管理模式，内容涉及管道设计、施工、运行、监控、维修、更换、质量控制和通信系统等全过程，贯穿管道整个全生命周期，其基本思想是通过不断完善，调动全部因素来改进管道安全性，反映出管道安全管理从单一安全目标向优化、增效、提高综合经济效益的多目标趋向发展。

1.1.2　站场完整性管理

站场完整性(Pipeline Station Facilities Integrity)是站场设备设施在结构上和功能上是完整的、处于安全可靠的受控状态，符合预期的功能，反映设备设施安全性、可靠性的综合特性。站场完整性管理是站场设备基于风险与全生命周期的管理活动。我国的油气田站场是具有输送、存储功能的工艺站场和线路阀室，如首站、末站、中间站、阀室等，站场设备很多，要做好油气田站场完整性管理，提高站场的本质安全，须遵循以下原则来保障管理质量：

(1)在构建新的管理体系时，须对站场完整性管理理念做到充分的运用，确保真正地做到完整性管理；

(2)完善相关的管理机构和流程，确保有相关的管理部门支撑管理结构，这样才能保证完整性管理可以得到真正有效的实施；

(3)在进行油气田站场设备管理过程中，应该对各种新型技术进行广泛的运用，通过这样的方式，可以提高管理质量和效率，对于更好地实施完整性管理有着非常积极的作用。

油气田站场完整性管理的实质就是在设备属性数据、运行状态数据、维修维护数据以及历史失效数据基础上，实现站场不同特性设备的风险管理，与管道的完整性管理模式的本质是一致的。站场完整性管理以高效率、高标准的管理方式为主导，可以从根本上降低机械设备发生故障的概率，保证站场能够安全地运行，并且对站场运行时容易发生的外部风险进行评估和识别，避免出现一定程度的安全事故，以保护国家的石油财产安全，继而保障输油站场运行的安全性、可靠性。

1.2 完整性管理作用

完整性管理具有本质安全、质量保证、风险管控、隐患治理、分析预测和持续改进等 6 个作用和任务，通过持续开展完整性管理，可实现地面系统本质安全水平的全面提升。

（1）本质安全

本质安全是当系统发生故障时，机器、设备能够自动防止操作失误或引发事故。即使由于人为操作失误，设备系统也能够自动排除、切换或安全地停止运转，从而保障人身、设备和财产的安全。通过对管道和站场中的设备设施全生命周期进行完整性管理，可全面提升地面系统本质安全水平，实现持续改进。

（2）质量保证

质量保证是指为使人们确信产品能满足质量要求，并根据需要进行证实的活动。通过开展完整性管理，对管道和站场全系统、全流程、全生命周期进行质量控制，全面实现管道和站场的质量保证。

（3）风险管控

风险管控是指风险管理者采取各种措施和方法，减少风险事件发生的各种可能性，或者减少风险事件发生时造成的损失。基本方法是：风险回避、损失控制、风险转移和风险保留。通过开展完整性管理风险识别可以全面量化评价安全风险，实现风险精准管控。

（4）隐患治理

隐患治理是通过采取技术、管理措施，及时发现并消除事故隐患的过程。通

过开展完整性管理检维修与隐患治理可以全面实现地面系统隐患精准排查、精准治理及管道安全状态精准评价。

(5)分析预测

分析预测是指分析当前数据和历史数据，运用诸如机器学习、统计建模和数据挖掘等分析技术，对未来的趋势、行为、结果等事件做出预测。通过开展完整性管理数字化采集与集成，可以全面综合系统应用数据，实现智能感知、预警预测、预知预判。

(6)持续改进

持续改进是指通过不断地提高管理的效率和有效性，实现其质量方针和目标的一个方法。通过开展完整性管理效能评价与审核，并全面融合现有安全、生产、建设、设备及检维修等体系，实现管道和站场的持续改进和减负增效。

1.3 国外完整性管理发展进程

油气管道安全评价与完整性管理技术起源于 20 世纪 70 年代的美国，此时，欧美等工业发达国家兴建的许多油气长输管道已进入老龄化阶段，导致了各种管道事故频繁发生，给各管道公司带来了巨大的经济损失和人员伤亡，同时降低了它们的盈利水平。为了评估油气管道的风险性，1968 年，美国通过了第一部与管道安全相关的法律《天然气管道安全法》，采用了经济学和其他工业领域中的风险分析技术，授予交通部负责监督和监管油气管道的规划、建设、运行、维修和应急救援培训，旨在最大限度地减少油气管道事故的发生，并尽可能延长油气管道的使用寿命，合理分配有限的管道维护费用。

1988 年，美国国会通过《油气管道安全再授权法案》，规定了建立突发事件和溢漏事故的应急协作机制，要求相关部门建立起对管道的管理机制，详细列出管道的地点、拥有人、输送的物体和维护情形。

1991 年，美国洲际天然气协会（INGAA）还提出了一些指导性原则，解决了天然气管道工业在风险管理中面临的风险概念、度量、评估和管理等方面的问题。

美国国会于 2002 年 11 月通过了《管道安全改进法案》，英文全称为"H. R. 3609：The Pipeline Safety Improvement Act of 2002"，简称 PSIA。在第

14 章中，PSIA 明确要求管道公司必须在高后果区域（High Consequence Area）执行管道完整性管理计划，这是美国法律对进行管道完整性管理的强制性要求。该法案首次明确要求执行管道完整性管理程序，并要求管道运营商定期使用内检测、压力试验和直接评估等方法来评价管道系统的完整性。

世界各大管道公司，在开展管道完整性管理的同时，又将设施的完整性纳入管理范畴，以壳牌公司为代表的国外大型石油公司，将石油企业的完整性管理统称为资产完整性管理（Asset Integrity Management），其中又详细地分为管道完整性管理、设施完整性管理、海洋平台的结构完整性管理和井场完整性管理 4 个部分。

随着科技的进步与发展，国外完整性管理从制度、标准、管理技术等方面都得到了巨大的进步与提升，未来也将继续向数智化、智能化等方向发展。

1.4 国内完整性管理发展进程

相比国外，国内管道完整性管理起步较晚。陕京管道提出了探索管道技术管理的新思路：陕京管道结合本公司管道的实际情况，引入国外管道完整性管理体系，并于 2001 年开始实施完整性管理。按照完整性管理要求，从含缺陷（内部缺陷和外部缺陷）管道本体、管道地质灾害与周边环境、外防腐层及防腐有效性和站场及设施、储气库井场及设施 5 个部分逐步推行，取得了显著的成效。在探索的过程中，经历了从工程建设到生产运行、提高管理水平方面，使生产运行管理规范化、程序化；再从深化管理模式方面，实现 IT 技术与生产管理相结合，最终与国际管道管理的技术接轨，实现管道完整性管理的全过程。自引入完整性管理概念后，其他管道公司也逐步结合陕京管道的完整性管理实践经验，建立和完善自身的完整性管理体系、完整性技术体系，以及建立管道数据管理平台。

2014 年 11 月，国务院安委会发布《关于深入开展油气输送管道隐患整治攻坚战的通知》（安委〔2014〕7 号），决定于 2014 年 10 月至 2017 年 9 月在全国范围内深入开展油气输送管道隐患整治攻坚战，从建立健全工作机构、严格落实企业主体责任、强化地方党委政府和相关部门安全保护职责、集中开展"打非治违"专项行动、实行隐患整治分级挂牌督办制度、建立政府和企业应急联动机制、建立隐患整治和"打非治违"工作通报制度以及强化源头治理，推进油气输送管道安全保护长

效机制建设等 8 个方面，在全国范围内对 29436 处油气管道隐患开展隐患治理工作，并成立了隐患整改领导小组，推动了我国油气管道完整性管理的进程。

自 2015 年以来，我国完整性管理快速高质量发展，2015 年 10 月 GB 32167—2015《油气输送管道完整性管理规范》颁布，内容围绕数据采集与整合、高后果区识别、风险评价、完整性评价、风险消减与维修维护、效能评价等 6 个环节。

2016 年，国务院安全生产委员会印发《油气输送管道安全隐患整治攻坚战工作要点》的通知，其中要求需要负责油气输送管道保护的有关部门和油气管道企业依据《中华人民共和国石油天然气管道保护法》和 GB 32167—2015《油气输送管道完整性管理规范》等相关标准规范，持续做好油气输送管道安全管理，保障油气输送管道安全平稳运行，有效防范管道事故发生，全力维护人民群众生命财产安全。从明确目标，建立完善工作体系；提高认识，加强组织领导；扎实推行，落实企业主体责任；规范管理，建立长效管理机制 4 个方面全面推行油气输送管道全生命周期完整性管理。

2019 年，ISO 19345—1《石油天然气工业 管道运输系统 管道完整性管理规范 第 1 部分：陆上管道全生命周期完整性管理》发布，规定了管道系统整个生命周期的完整性管理要求，并给出了建议，包括设计、施工、调试、运行、维护和废弃。适用于石油和天然气行业运输中使用的陆上管道系统、连接井、生产装置、工艺装置、炼油厂和储存设施，包括为连接目的在此类设施边界内建造管道的任何部分。

2022 年，SY/T 7664《油气管道站场完整性管理体系 要求》发布，规定了油气管道站场构建完整性管理体系的基本要求，用于指导企业建立站场完整性管理体系，实施完整性管理工作，提高设备设施安全性、可靠性、经济性运行水平，持续改进管理绩效，确保站场完整性管理体系的有效实施与持续改进发展。

1.5　中石油完整性管理发展进程

自 2001 年起，陆续借鉴了国外的管道完整性管理标准 API 1160 和 ASME B31.8 等，制定了 SY/T 6648—2016《输油管道完整性管理规范》和 SY/T 6621—2016《输气管道系统完整性管理规范》。

中石油在 2009 年发布了管道完整性管理企业标准 Q/SY 1180《管道完整性管理规范》。随后，在 2013 年和 2014 年对该标准进行了修订和完善。2015 年，中石油基于企业标准 Q/SY 1180，结合政府相关部门的监管需求，总结了管道运营企业近年来的完整性管理实践经验，并牵头编制了国家标准 GB 32167《油气输送管道完整性管理规范》，为规范和提升我国的管道管理水平打下了坚实的基础。

为了确保管道完整性管理体系全面推行，2011 年中石油自主研发了国内首套管道完整性管理系统（PIS），实现了管道管理业务的日常化、标准化、程序化和信息化，确保完整性管理按照预期目标、要求和质量实施。

2016 年，中石油油气与新能源分公司组织规划总院编制完成了《中国石油天然气股份有限公司油气田管道和站场完整性管理规定》，组织西南油气田分公司编制了《中国石油天然气股份有限公司油田集输管道检测评价及修复技术导则》《中国石油天然气股份有限公司气田集输管道检测评价及修复技术导则》和《中国石油天然气股份有限公司油气集输站场检测评价及维护技术导则》这三个文件，简称为"一规三则"。这些文件从管理和技术两个方面对完整性管理提出了具体要求，是中石油执行管道和站场完整性管理的主要规范。根据股份公司"一规三则"的要求，各分公司结合自身实际情况，开发并制定适用于实际生产需求的油气田管道和站场完整性管理体系。

中石油以管道完整性管理试点为先导，为国家管道完整性建设提供了智慧，是国内第一家推行管道完整性管理、国内第一家发布完整性管理企业标准 Q/SY 1180、国内率先推进油气田管道和站场完整性管理、牵头制定管道完整性管理规范并被 ISO 19345 采纳发布、国内第一家成品油销售企业整体实施完整性管理的央企。

第2章 完整性管理顶层设计

2.1 顶层设计概述

顶层设计概念源于系统工程学,后被引用到管理学、经济学、军事学等各个领域,主要指从整体构想和战略设计上,以全局视野对各层次、各要素、各业务等进行统筹兼顾,规避可能发生的风险而进行的总体构想和战略设计。

完整性管理顶层设计是指用系统论的方法,对完整性管理的各方面、各层次的发展逻辑进行全要素、全生命周期统筹考虑而进行的综合设计。完整性管理体系是顶层设计的基本载体,也是确保地面生产设施本质安全的重要手段。现阶段完整性管理体系由"事后被动抢险维修"转变为"基于检测评价的主动维护",逐步向"基于风险的完整性管理"发展。

完整性管理支撑工具是顶层设计关键要素实施的前提,顶层设计关键要素和管理制度(程序)要进行落地管理,必须有相应的管理工作作为支撑,通过推行管理工具来达到落实责任、改善员工的操作行为、改良现场设备实施和安全条件、控制风险的目的。

顶层设计具体内容包括长期战略目标和阶段性目标,布局塔里木油田公司管道和站场完整性管理设计蓝图,为政策的可持续性提供保证,战略目标是整个顶层设计的核心、是整个顶层设计的灵魂,战略目标的提出必须完成对整体完整性工作的剖析,分清各项工作的轻重缓急,统筹兼顾各方面关系;阶段性目标不是战略目标的简单分析,是对整体工作的战略目标有计划、有步骤地进行诠释。顶层设计要设计出重点方向和优先顺序,重点方向使顶层设计有了目标指引,优先顺序使顶层设计有了可操作性与实效性;顶层设计需要有资源保证,为完整性工作的持续开展提供保障。

2.2 顶层设计思路

经过十几年的应用发展，塔里木油田逐步建立起管道安全评价与完整性管理体系及有效的评价方法，进一步总结提出了完整性管理的顶层设计思路，提出塔里木油田全生命周期完整性管理总体策划，将项目规划投资、设计、采购、施工安装、调试、试生产、运行、检维修到闲置报废等全生命周期管理纳入完整性管理，强化风险控制，形成规范化、标准化管理，从设计源头抓本质安全，实现管道和站场的"优生"，并根据风险评价聚焦重点，加大与 QHSE 管理体系等领域融合，提出完整性管理"六大理念"，统一思想，明确提出塔里木油田的发展路线。

塔里木油田公司通过调研分析，总结了国内、中石油完整性管理发展情况，积极探索独具特色的完整性管理发展阶段，形成以"134651"总体策划为核心的完整性管理顶层设计思路，目前基本实现管道和站场完整性管理制度化、规范化、常态化、信息化。

"134651"，即"1"个维度、"3"个导向、"4"项原则、"6"个理念、"5"个融合、"1"个规划。

2.2.1 "1"个维度

为实现塔里木油田公司管道和站场全生命周期完整性管理，从时间维度构建：建设期抓"六专""六控"措施，实现地面系统基于质量的"优生"；运行期遵"六步""六措"，保障地面系统基于风险管控的"优育"。

建设期抓"六专""六控"，通过进一步系统性地明确在管道和站场建设期的各个阶段相关方的职责与工作内容，将风险管控关口前移，由"被动应对"向"主动管控"的根本转变，同时各个环节相互印证、相互反馈，确保地面工程基于质量管理的"优生"；运行期遵循"六步""六措"，明确了运行期各项业务活动的管理策略，保障地面系统基于风险管控的"优育"，创新形成全生命周期完整性建设期抓"六专"、运行期遵"六步"的管理策略，实现完整性管理"理论有创新，实施有策略，运转有体系"的良好局面。如图 2-1 所示。

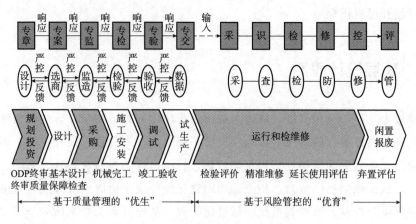

图 2-1　完整性管理顶层设计思路

2.2.2　"3"个导向

完整性管理突出问题导向、目标导向和规范化导向,工作均以解决现场问题、推进战略目标、实现规范化管理为落脚点,使管道和站场实现风险受控、保障安全运行、促进提质增效,确保完整性管理工作达到预期效果,有效治理隐患、有效控制风险,实现管理规范化,为深入推进完整性管理创造可持续动力。

2.2.3　"4"项原则

为了达到"统一思想、持续推进"的目的,按照中石油股份公司油气田管道和站场完整性管理规定要求,塔里木油田公司的管道和站场完整性管理确立了"4"项工作原则,分别是"三全管理、抓源治本;分类施策、精准管控;目标引领、技术驱动;融合创新、持续改进"。

(1)"三全管理、抓源治本":指施行全生命周期、全领域、全过程的"三全"管理,做到油田地面工艺装置无死角、全覆盖;突出设计源头治理和本质安全水平提升,确保工艺装置"安、稳、长、满、优"运行。

(2)"分类施策、精准管控":是对管道和站场实行管理分类、风险分级,针对不同类别的管道和站场采取差异化的策略,突出以区域为单元开展高后果区识别、风险评价和检测评价等工作,将基于风险的检验检测和基于检测的精准维修贯穿整个管理过程,实现风险的精准管控。

（3）"目标引领、技术驱动"：是立足一流完整性管理建设目标，健全和完善同行业领先的安全、经济和管理指标，引领塔里木油田公司完整性建设持续深入推进。同时，建立完整性管理技术体系，运用完整性技术与方法，系统、动态管理管道和站场风险，驱动完整性管理经济、高效运转，实现设备设施安全可靠，提高管理效率。

（4）"融合创新、持续改进"：是继承融合塔里木油田现有管理成果，消化吸收先进的完整性管理实践经验，不断创新，持续推进油田完整性管理水平提升。

2.2.4 "6"个理念

塔里木油田公司所有从事地面设计、施工、生产和油气储运及其相关业务的甲乙方员工必须严格按照塔里木油田管道和站场完整性管理"6"个理念落实相关工作，"6"个理念分别是：一切泄漏都是可以避免的、失效数据是宝贵资源、检验检测是精准施策的依据、设施完整是本质安全的基础、主动预防贯穿于完整性管理的全生命周期、卓越的完整性管理需要一流的专业队伍，"6"个理念促进完整性管理持续深入推进。

2.2.5 "5"个融合

开展管理体系的顶层设计梳理，实现与 QHSE 管理、工程建设、生产运行、设备管理、腐蚀防护等 5 个领域的有机融合，并结合塔里木油田公司生产实际进行要素解读。通过各领域相互融合，有利于在 QHSE 体系框架下，统筹多系统管理；有利于支撑完整性管理工作，强化设备、防腐及运行提升；有利于杜绝重复管理，减轻基层负担；有利于系统风险识别控制，保障平稳运行；有利于开展精准维修维护；有利于全生命周期管理的实现。

2.2.6 "1"个规划

"1"个规划是指编制塔里木油田管道和站场完整性管理规划，从"2017～2021年完整性管理五年规划"到"2018～2022 年规划实施方案"再到"2021～2025 年'十四五'规划"，全面部署塔里木油田公司管道和站场完整性工作，目的是统一思想，明确工作目标、方向、内容、资金安排及责任单位，保证油田完整性管理工

作的有序开展。

通过实施"13651"思路，起到以下三个方面的作用：

一是明确目标和导向。顶层设计是依据中石油油气田管道和站场完整性管理要求，结合塔里木油田公司的实际情况，制定了指导油气田管道和站场完整性管理体系有效运行的导向性文件。

二是帮助塔里木油田公司提高决策效率。顶层设计阐述了某油气田管道和站场完整性管理的体系架构、管理内容和实施要求，明确了管理职责，帮助管控管理重点，展示了油气田管道和站场完整性管理愿景。

三是帮助塔里木油田公司提高资源利用率和管理效率。贯彻落实中石油关于推进企业管理体系融合的工作要求，解决多体系并存的实际问题，整治形式主义减轻基层负担，提高管理质量和效率，集中统筹人力、物力、财力等资源，积极推进完整性管理体系与 QHSE 管理、工程建设、生产运行、设备管理、腐蚀防护等领域管理要求融合，将管理体系的承诺、方针、目标和要素表达、管理审核、执行规范保持统一，为提升地面工程全生命周期本质安全水平、实现风险受控、确保安全运行、促进提质增效、建设一流油田公司奠定坚实的基础。

第3章 完整性管理理论及管理策略

3.1 理论概述

理论是指在某一活动领域联系实际推演出来的概念或原理，是理想的或假设的一系列事实、原理或环境，是对事实的推测、演绎、抽象或综合而得出的对某一个或某几个现象的性质、作用、原因或起源的评价、看法、提法或程式。

理论的重要性主要体现在三个方面：第一，理论表明研究所采用的视角，即从什么视角研究这个问题，可以理解为研究的立场；第二，研究是为了推动理论的发展，世界上现象、问题纷繁复杂，找到能够解释它们的理论，可以让这个世界变得简单，进而通过理论去认识其他类似现象或者问题；第三，研究某个具体问题时，采用了某个理论，或许研究结果会与理论不一致，这时，很可能修正以前的理论，即推动理论的发展。

管理理论是现代经营管理之父——亨利·法约尔在他最重要的代表作《工业管理和一般管理》(1916年出版)中阐述的。他认为，管理理论是"指有关管理的、得到普遍承认的理论，是经过普遍经验检验并得到论证的一套有关原则、标准、方法、程序等内容的完整体系"，这正是其一般管理理论的基石。管理就是实践，是解决问题的实践，管理理论与管理实践是一种互动的关系，管理理论指导管理实践，管理实践推动管理理论发展。

将完整性渗入管理中需要遵循如下原则：

(1)管理人员要明晰油气田管道的设计方案、建设方案、整改方案的相关内容，为完整性的融合提供一定的理论基础，保证完整性融合后能够发挥出最大的效能；

(2)管理人员需要以完整性为基础，构建完整的管理组织及管理流程，提升

管理的针对性，这样才能够实施环环相扣的管理；

（3）管理人员要以积极、虚心的态度和最新的技术去融合完整性和管理，力争实现现代化、信息化、科学化的输油站场运行管理。

3.2　国外现阶段完整性管理理论

根据 ASME《输气管道系统完整性管理》对于完整性管理的描述，完整性管理程序是一个持续发展的过程，并根据每个运营单位的特有要求进行量身定制。

为了适应管道操作条件和运行环境的变化，以及运用管道系统最新数据和资料，对管理程序进行定期评价和修改，确保完整性管理程序利用改进的技术和当前条件下所能获得的最好的预防、检测及减缓措施，管道系统完整性管理流程图详见图 3-1。

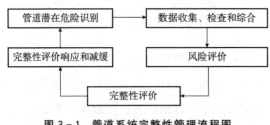

图 3-1　管道系统完整性管理流程图

（1）完整性管理危害分类

完整性管理的第一步是识别影响完整性管理的潜在危险，将影响管道完整性管理的所有危险都考虑在内。美国管道研究委员会分析了管道的事故数据，将事故根源分为 22 种，每一种均代表影响管道完整性管理的一种危险，应对其进行管理，其中有一种是"未知"原因，即找不到根源或原因。其余 21 种按照性质和发展特点划分为 9 个失效类型，然后进一步划分为与时间相关的 3 大缺陷类型。根据 9 个失效类型，可以界定影响管道完整性的潜在危险。应按照危险的时间因素和事故模式的分组，正确进行风险评价、完整性评价和减缓活动。

（2）完整性管理过程

管道潜在危险识别是对管道的风险进行识别，特别是关注可能造成事故的潜在危险区域。评价潜在危险的第一步是收集反映管段及其潜在危险特点的数据，在此步骤中，操作员根据初步收集、审查和集成相关数据与信息，了解管道的状况，并识别可能对公众、环境和操作后果有巨大危险的特定位置，需要收集每个系统和部门所特有的特定故障和关注点的操作、维护、巡逻、设计、运行历史等信息，还包括那些影响缺陷增长的条件或行动（阴极保护缺陷）、降低管道性能

（如现场焊接），或引入新缺陷（如管道附近的开挖工作），再根据已收集的数据对管道系统或管段进行风险评估，确定可能导致管道故障的特定位置的事件和（或）条件，并通过风险评价确定管道最重大风险的性质和位置。

根据风险评价结果，选择并进行适当的完整性评价。完整性评价方法为在线检查、压力测试、直接评估或其他完整性评价方法。根据完整性管理评价结果制定相应检查指示的时间表，识别并启动对在检查期间发现的异常情况的维修活动，按照公认的行业标准和惯例进行维修，制定并实施相应的预防措施。在进行初始完整性评价后，工作人员改进并更新有关管道系统或分段状况的信息。该信息保留并添加到用于支持未来风险评价和完整性评价的信息数据库中。

随着系统的继续运行，收集了额外的操作、维护和其他信息，从而扩展和改进了操作经验的历史数据库。当管道发生重大变化时，应定期进行风险评价。相关工作人员应考虑最近的运行数据，考虑管道系统设计和运行的变化，分析可能发生的任何外部变化的影响。然后继续循环完整性管理流程，持续推进完整性管理工作，保障管道的安全运行。

3.3　国内现阶段完整性管理理论

自20世纪90年代完整性管理理念被引入我国石油天然气行业以来，经过10年多的推广和实践，已成为我国当前最普遍的管道安全管理模式。完整性管理在引入我国之初，在刚投产或在役管道上推广应用，取得了良好的效果。我国长输管道现阶段主要的敷设方式为埋地敷设，而绝大多数事故隐患发生在埋地部分，相关的数据信息如果在施工阶段完成，就能避免运营期间进行数据采集时遇到管沟开挖和沿线居民难以协调带来的难题。为解决这一问题，我国的行业标准 SY/T 6621—2016《输气管道系统完整性管理规范》提出了两种管线完整性管理的方法。

一是预定的完整性管理办法。该办法适合于资料、数据较少的情况，此时可参照 SY/T 6621—2016 所预测的三大类（21种）危害因素，提供检测、预防和减缓风险的措施等方面的信息，结合预计最坏情况的发展，确定完整性评价之间的时间间隔，这种方法使得对数据的要求减少，分析的范围将缩小。

二是以风险评估为基础的完整性管理办法。该方法需要更多的数据资料，以完成较大范围的风险分析和评估，要求对管道有更多的了解，这样才能完成更多

数据，更为广泛的风险评估和分析，在检测时间间隔、检测工具、减缓和预防方法方面，选择范围更大。如果没有充分的调查、完成适当的完整性评价，以获取所需的管线状况信息，就难以实施这一方法。

国内管道企业借鉴国外管道完整性管理经验，结合国内管道管理的实际情况

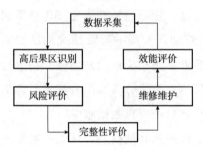

图 3-2 管道完整性管理六步循环

与特点，简洁明了地将管道完整性管理分为 6 个环节：数据采集、高后果区识别、风险评价、完整性评价、维修维护和效能评价，并表示为了保证 6 个环节的正常实施，还需要系统的技术支持、与管理体系结合的体系文件及标准规范、管道完整性管理数据库及基于数据库搭建的系统平台。管道完整性管理六步循环工作流程示意图详见图 3-2。

3.4 中石油完整性管理原则及理论

为保障中石油旗下管道和站场完整性管理的有效实施，"十三五"以来，中石油明确了完整性管理策略，创新形成了完整性管理的科学理论体系，突破了包括集输管网高后果区域识别技术、半定量风险评价技术、油气田管道失效识别与统计技术、油气田管道内腐蚀直接评价技术等系列技术瓶颈，建立了油气田管道完整性管理技术体系，形成了油气田管道完整性管理数据模型等创新成果，开发并推广应用了油气田管道失效识别与统计系统，整体达到国际先进水平。

3.4.1 中石油完整性管理原则

（1）合理可行原则：科学制定风险可接受准则，采取经济有效的风险减缓措施，将风险控制在可接受范围内；

（2）分类分级原则：对管道和站场实行管理分类、风险分级，针对不同类别的管道和站场采取差异化的策略；

（3）风险优先原则：针对评价后位于高后果、环境敏感等区域的高风险管道和站场，要及时采取相应的风险消减措施；

（4）区域管理原则：突出以区域为单元开展高后果区识别、风险评价和检测

评价等工作；

（5）有序开展原则：按照先重点、后一般，先试点、再推广的顺序开展完整性管理工作。

3.4.2　中石油完整性管理理论

3.4.2.1　管道完整性管理理论

（1）完整性管理分类管理

为更好践行管道完整性管理理念，中石油按照介质类型、压力等级和管径等因素，将管道划分为Ⅰ类、Ⅱ类、Ⅲ类管道。根据不同类型，不同风险的管道和站场的完整性管理工作方法和模式均不同。

1）对于Ⅰ类、Ⅱ类管道，开展高后果区识别和风险评价，筛选出高风险级管道，优选适合的方法开展检测、评价和修复工作，降低管道失效率，减少管道更换费用；

2）对于Ⅲ类管道，应科学认识其风险可接受程度，将风险管理的理念融入日常管理当中，强化管道日常管理和维护工作，突出失效分析、腐蚀分析、腐蚀控制、日常巡护和维抢修工作，控制和消减风险、实现由事故管理向预防性管理转变，降低管道失效率和管道更换费用。

（2）完整性管理分级管理

管道按照风险大小划分为高、中、低风险级管道三个等级。其中高风险管道：是完整性管理的重中之重，必须开展检测评价工作；中风险管道：重点关注其风险发展变化趋势；低风险管道：加强日常管理，延长使用寿命。风险等级示意表见表3-1。

表3-1　风险等级示意表

失效概率	失效后果				
	1	2	3	4	5
	一般	中等	较大	重大	特大
80%～100%	中 5	中 10	高 15	高 20	高 25
60%～80%	低 4	中 8	中 12	高 16	高 20
40%～60%	低 3	中 6	中 9	中 12	高 15

续表

失效概率	失效后果				
	1	2	3	4	5
	一般	中等	较大	重大	特大
20%～40%	低 2	低 4	中 6	中 8	中 10
0%～20%	低 1	低 2	低 3	低 4	中 5

注：1. 失效概率，是指发生失效的可能性，最低为0%，最高为100%；

2. 失效后果，是指失效后产生后果的严重程度，考虑人员伤亡、环境破坏、财产损失、生产影响、社会信誉等方面，可分为一般、中等、较大、重大、特大；

3. 风险＝失效概率×失效后果。根据风险数值可分为高、中、低三个等级，高风险区和中风险区是需要重点管控的区域。

（3）建设期完整性管理

在管道的可行性研究阶段和设计阶段应采用高后果区识别和风险评价技术，识别高后果区和主要风险因素，以减少人口密集、环境敏感区段，通过规避或减缓腐蚀等措施，降低地质灾害、占压、第三方破坏的风险。

充分结合安全、环境影响、职业病危害和地质灾害等专项评价和安全设施设计、消防建审提出的风险控制结论，从管道材质、管道防腐、焊缝检测、工艺参数、工艺流程、自控水平等方面提出有针对性的风险控制措施。通过人口密集区、环境敏感区等需要重点保护地段的管道，根据具体情况，可论证设置安全预警系统或泄漏监测系统。

根据不同类型管道推荐的检测方法，配套设计相应的工艺设施，如推荐采用智能内检测的管道应设置内检测器收发装置，管道设计应满足内检测器通过性要求。设计中应充分考虑城市、乡镇的发展规划对管道的影响，科学判断管道内外腐蚀环境，采取合理可行的腐蚀防护控制方法。在多方案技术经济比选的基础上，分析腐蚀防控因素，合理确定管道材质。

应严格按照设计图纸进行施工，并明确设计变更程序，减少设计变更数量，做好物资采购、质量监督和工程验收管理确保施工质量，还须加强对征地、施工等环节的管理，确保管道投产时即为"零占压"。

在工程交工验收前，应对进行管道走向、埋深检测、防腐层及阴极保护检测，记录相关的检测结果和整改情况，并完成基线评价。并根据管道的实际情况选择对Ⅰ类、Ⅱ类、Ⅲ类管道开展管道中性线测量、路由调查以及外腐蚀检测，对Ⅰ类管道开展智能内检测。

在竣工验收前，应完成设计阶段的专项评价报告、建设阶段的质量控制相关报告和基础数据的交接，并保存防腐层、埋深检测与整改报告。并在管道新改扩竣工验收及修复验收后，完成数据移交工作。

(4)运行期完整性管理

中石油管道运行期完整性管理工作包括数据采集、高后果区识别和风险评价、检测评价、维修维护、效能评价"五步法"，通过上述过程的循环，逐步提高完整性管理水平，工作流程示意图详见图3-3。

图3-3 中石油完整性管理工作流程示意图

1)数据采集：结合管道竣工资料和历史数据恢复，开展数据采集、整理和分析工作；

2)高后果区识别和风险评价：综合考虑周边安全、环境及生产影响等因素，进行高后果区识别，开展风险评价，明确管理重点；

3)检测评价：通过实施管道检测或数据分析，评价管道状态，提出风险减缓方案；

4)维修维护：依据风险减缓方案，采取有针对性的维修与维护措施；

5)效能评价：通过效能评价，考察完整性管理工作的有效性。

3.4.2.2 站场完整性管理理论

(1)完整性管理分类

为适应站场完整性管理，分别将油田站场和气田站场分为三类。

1)油田站场：集中处理站、伴生气处理站、矿场油库为一类站场；脱水站、原稳站、转油站、放水站、配制站、注入站、污水处理站等为二类站场；计量站、阀组间、配水间等为三类站场。

2)气田站场：处理厂、净化厂、天然气凝液回收厂、储气库集注站为一类站场；增压站、气田水处理回注站等为二类站场；集气站、脱水站、采气井站为三类站场。

(2)完整性管理方法

针对站场设备承担功能的不同，将站场设备分为静设备(压力容器和站内管

道等)、动设备(机泵、压缩机和阀门等)、安全仪表系统(站控系统、并安系统、紧急关断系统等)。

对不同类型站场中的设备,宜开展不同类型的风险评价。一类站场宜对站场内的静设备、动设备、安全仪表系统分别开展 RBI、RCM、SIL 等半定量风险评价,二类站场宜对站场内的静设备和动设备开展 RBI 和 RCM 半定量风险评价,三类站场可对站场内的静设备开展 RBI 定性风险评价。风险评价工作宜由厂(处)组织完成。

站场设备检测评价、维修维护工作宜由厂(处)组织完成,要求如下:

(1)压力容器应按照特种设备安全技术规范的要求开展定期检验。可将 RBI 评价结果与检验机构充分沟通,提高压力容器定期检验的针对性;

(2)站场内的管道应按 RBI 评价结果开展检测评价;

(3)对于开展了 RCM、SIL 评价的动设备和安全仪表系统,宜结合 RCM、SIL 给出的检维修策略,优化维护保养周期和方法;未开展 RCM、SIL 评价的动设备和安全仪表系统,按照既有相关规定要求,开展维修保养工作。

3.5 塔里木油田公司完整性管理理论及策略

基于中石油完整性管理理念,塔里木油田公司通过对管道和站场的全生命周期的管理实际与管理特点进行探索,形成了全生命周期管道和站场完整性管理"双环"理论。其管道和站场完整性管理理论主要表述为:管道和站场完整性管理是在建设期抓"六专"、运行期遵"六步",以"专交"为枢纽,实现建设期完整性管理信息向运行期有效传递;通过"评"的反馈,实现建设期螺旋提升和运行期闭环管理。完整性管理"双环"理论图详见图 3-4。

建设期"六专"是落实油气田管道和站场完整性管理体系建设期有效运转的管理措施,由完整性管理设计专章(以下简称"专章")、施工阶段专项方案(以下简称"专案")、施工阶段专项监理和质量监督(以下简称"专监")、施工阶段专项检查(以下简称"专检")、施工阶段专项验收(以下简称"专验")、数字化专项交付(以下简称"专交")等"六专"构成。

运行期"六步"是落实油气田管道和站场完整性管理体系运行期有效运转的管理措施,由数据采集与集成(以下简称"采")、潜在高风险识别与分析(以下简称

"识")、检验检测与评价(以下简称"检")、检维修与隐患治理(以下简称"修")、预防与控制(以下简称"控")及效能评价与管理评审(以下简称"评")等"六步"构成。

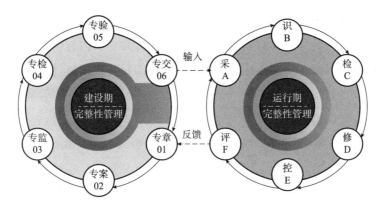

图3-4 管道和站场全生命周期完整性管理"双环"理论

3.5.1 建设期"六专""六控"

塔里木油田公司建设期完整性管理以"六专"为管理抓手,辅以"设计选标、技术规格书和定商、设备监造和出厂验收、入场检验、单点单项验收、数据质量"(以下简称"六控")为推手,明确了建设工程项目各阶段相关责任方的角色定位和职责,加强建设期各关键节点的质量控制及协调沟通,将风险管控关口前移,由"被动应对"向"主动管控"根本转变,确保地面工程基于质量管理的"优生"。建设期完整性管理策略示意图详见图3-5。

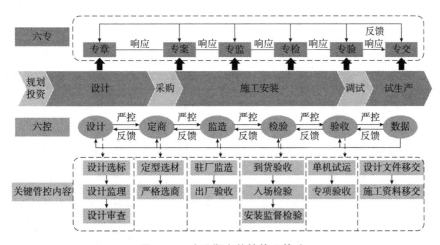

图3-5 建设期完整性管理策略

3.5.1.1 管道和站场建设期"六专"完整性管理

(1)"专章"

专章的编制应涵盖整个项目的设计阶段，包括可行性研究(预可行性研究)、初步设计、施工图设计，其编制内容分为通用内容和专项内容两部分。项目确定以后，设计单位根据各阶段设计深度及要求合理编制专章，通过规范设计标准的选择范围、设计监理的适用范围、设计监理的管理要求、完整性管理设计的编制要求等控制专章的编制质量。编制完成后组织专章审查，邀请与该项目相关的单位部门等一同参加专章审查，严格按照审查相关要求执行，提出书面审查意见，对审查意见逐项反馈，设计主管部门对监督审查意见整改落实情况。专章管理实施的具体要求见 Q/SY TZ 0633—2020《油气田管道和站场建设期完整性管理设计专章编制规范》。

1)可行性研究(预可行性研究)阶段的专章编制内容应包括但不限于以下内容：完整性管理分类、管道高后果区识别、管道风险评价、基线检测、数据采集与移交、完整性管理工程量及费用等。

2)初步设计阶段的专章编制内容应包括但不限于以下内容：详细论述管道和站场完整性管理分类、管道高后果区识别、管道风险评价、管道和站场完整性管理数据采集及管道信息化建设、管道基线检测、站场风险识别与评价、防爆电气检测、防腐设计等内容。油气田管道和站场完整性管理设计阶段应加强控制设计选标范围、控制技术规格书编制要求，保证完整性管理设计专章的质量。

3)施工图设计阶段的专章应依据初步设计完整性管理设计专章编制施工图详细设计内容，明确工程量及费用。包括但不限于以下内容：描述发生的设计变更内容；描述防腐施工技术要求、防腐层完整性和阴极保护有效性检测要求；描述SIL评估结果落实情况、明确仪表系统调试和联锁要求；描述电气设备测试要求、明确防爆电气设备检测要求；描述站场工艺安全分析结果落实情况等。施工图设计专章经过审查后，设计单位应对相关单位进行设计交底。

在项目设计阶段还需要开展管道高后果区识别，基于可行性研究阶段的识别结果进行更新、再识别，并将其结果作为线路走向优选的重要条件，并针对高后果区管段制定详细的减缓措施。而管道基线检测内容及要求应该符合相关法规标准要求，其中属于压力管道的，还应满足特种设备依法合规管理要求。确定技术规格书以后，根据技术规格书要求确定各设备设施材料的供应商。

（2）"专案"

专案是地面建设项目施工方案中的一部分，是依据专章编制的针对施工全过程完整性管理的专项方案，专案的编制内容应包括：总则、完整性管理组织、施工关键点管控、管道基线检测、完整性管理数据采集及管道信息化建设、完整性管理数据移交、审查验证等方面。在进行专案审查时，应从专案响应设计专章的要求，充分识别、评估项目实施过程中的风险，将消除、消减、控制措施落实到技术措施中等内容开展，最终经过审查，由相关项目负责人进行审核、审批的签字。以上内容全部完成后方可按照专案实施施工。专案管理实施的具体要求见Q/SY TZ 0629—2020《油气田管道和站场建设期完整性管理施工阶段专项方案编制规范》。

（3）"专监"

专监贯穿于地面建设工程项目的开工准备至交工验收全过程。须在监理规划和监理实施细则中明确专项监理要求的内容，在工程质量监督计划（方案）中明确专项质量监督要求的内容。通过推进专监的实施，加强设备监造和出厂验收、入场检验、特种设备安装监督检验的质量控制。明确在建管道保护有以下几个方面的管理责任：管道交付运行时无违章占压，无未治理的自然与地质灾害高风险点，无第三方损坏或自然与地质灾害等导致的管体损伤，管道沿线无施工遗留的纠纷问题。

在开展专监时，应编制专项监理清单和质量监督清单，其内容包括但不限于：施工单位质量行为、高后果区管道施工、数据采集方案、油（气）田集输管道安装工程、长输管道安装工程、单出图的大型穿跨越工程、管道和站场完整性管理专项方案、完整性管理组织及人员、检测检验、在建管道保护、防腐施工等方面。专项质量监督的内容应包括但不限：施工单位质量行为、油（气）田集输管道安装工程、长输管道安装工程、单出图的大型穿跨越工程等方面。发现督促施工单位对专项监理和质量监督中记录的问题整改、销项，监理单位和质量监督部门负责对问题整改闭环复核。专监管理实施的具体要求见Q/SY TZ 0628—2020《油气田管道和站场建设期完整性管理施工阶段专项监理和质量监督规范》。

（4）"专检"

专检与地面建设工程项目的投运前审查一并开展，以专案、施工记录、设计文件及相关技术标准规范等为依据，制定针对性的专检清单，清单内容包括但不限于：油气田管道和站场完整性管理专项方案、完整性管理组织及人员、高后果区识别及风险评价、检测检验、专项质量监督、在建管道保护、完整性管理数据采集与移交、选材与配产、内涂层、缓蚀剂、阴极保护、外防腐层、腐蚀监测等方面。专检完成后应形成专检问题记录，督促施工单位落实问题整改情况，并对发现问题闭环复核。在专检中发现的问题必改项要在项目投产前完成整改，否则不允许该项目进行投运生产。专检管理实施的具体要求见 Q/SY TZ 0630—2020《油气田管道和站场建设期完整性管理施工阶段专项检查规范》。

(5)"专验"

专验是油气田管道和站场新、改、扩建工程项目（含 EPC 项目）交工验收的一部分，由使用、设计、施工、监理等相关人员一同参加现场验收，并由相关人员填写申请表和统计表，在验收申请通过以后，还要依据相关标准规范、规章制度和项目业务范围编制专验清单，并按照清单进行验收。验收通过后，出具专验意见，发送给相关部门和单位，由相关部门督促施工单位对验收意见中不符合项进行整改与销项，并由使用单位复核整改结果。专验管理实施的具体要求见 Q/SY TZ 0631—2020《油气田管道和站场建设期完整性管理施工阶段专项验收规范》。

(6)"专交"

专交是对工程建设阶段产生的静态信息进行数字化创建至移交的工作过程，涵盖信息交付策略制定、交付基础制定、信息交付方案制定、信息整合与校验、信息移交和信息验收等。数据采集与整合工作应从可行性研究阶段开始，并包括设计、施工、验收等阶段产生的所有关键数据，完整性数据采集明确了全生命周期不同阶段须采集数据的种类和属性，并按照源头采集的原则进行采集，配套数据校验机制，确保数据采集的及时性、准确性、完整性，以及数字化专项交付的专业性。

3.5.1.2 管道和站场建设期"六控"完整性管理

建设期"六控"完整性管理策略主要选取设计选标、技术规格书和定商、设备监造和出厂验收、入场检验、单点单项验收、数据质量 6 个关键节点来把控管道和站场建设期的质量控制。建设期"六控"完整性管理策略详见图 3-6，具体内容如下：

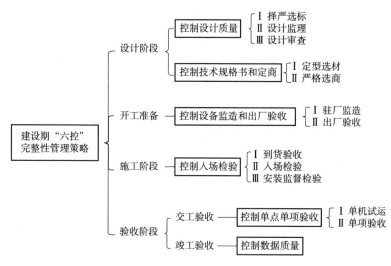

图 3-6　建设期"六控"完整性管理策略

(1)控制设计质量

按照专章的编制要求，收集国家、行业、企业与管道和站场完整性管理的相关要求，结合塔里木油田公司实际，制定塔里木油田公司管道和站场完整性管理标准清单，强化设计选标管理，规范采标，提升完整性管理设计专章水平和质量。对特殊使用环境、特殊材料、特殊结构以及大型重点项目中的关键压力容器，聘请国内压力容器行业权威机构开展设计监理，对设计图纸进行校核，严格把关。同时，将完整性管理设计专章纳入设计审查，邀请相关部门及专业人员、施工单位、监理单位等一同参加专章审查会，制定完整性管理设计专章审查要点、执行设计审查机制，设计单位按照设计审查意见表对专章进行修订完善，做到从源头控制建设质量，保障管道和站场的本质安全。

(2)控制技术规格书和定商

根据国家标准、行业规范制定技术规格书编制格式和主要订货技术要求，同时实行动态管理的选商模式，从检验检测、数据管理、腐蚀防护、科研咨询等方面，培养一批长期稳定的合作伙伴，实现优选合作共赢，进一步提升管道和站场建设期质量。

(3)控制设备监造和出厂验收

通过委托具有国家设备监造管理部门核准的设备监造资质的驻厂监造单位，按照科学、公平、公正、规范、诚信的原则，对监造设备进行驻厂监造，细化关键环节监造工作要求，规范管理监造工程师履责过程，落实制造过程质量管控。选派工程项目管理人员、企业代表、监理监造人员等参与设备出厂验收监督工作，本着"不合格、不出厂"的原则，严把出厂验收关，确保设备质量控制，降低后期设备运行的故障率。

（4）控制入场检验

对甲乙双方提供的物资进行到货验收，针对到货时间、相关单位、出厂编号、出厂日期、包装情况、外观质量、零部件及配件等相关内容进行验收检查，并做好记录，直接入场的物资也委托具有相关资质的检验单位按照相关要求进行入厂检验，确保入场设备物资的完好率。同时，在特种设备安装前，应向所在地质量技术监督部门申报备案后方可施工，特种设备安装、改造、重大修理过程，应经当地特种设备监督检验机构进行监督检验，在设备物资进行安装的过程中应遵循 SY/T 0448—2018《油气田地面建设钢制容器安装施工技术规范》、GB 50169—2016《电气装置安装工程 接地装置施工及验收规范》、GB 50461—2008《石油化工静设备安装工程施工质量验收规范》等相关标准规范的要求。

（5）控制单点单项验收

严格制定和执行试车方案，在设备安装完成后，运用检测仪器、仪表和科学方法考核单个或一套技术装置的主要性能，并按设计要求，对设备进行检查诊断，确定设备本身质量和安装质量符合运转条件，并验证设备的施工安装符合设计与规范要求，检验设备本体的可靠性，确保设备安全投产。单机运转后需要根据单机设备或技术装置验收表中的考核检查内容等对其进行验收，填写验收结果，控制特种设备设计安装资料、注册登记、管理及操作人员取证、设备试运试压报告等审查质量，把牢设备安全投用关口，确保整个工艺装置的有效运行。

（6）控制数据质量

为了高质量地完成数字化交付，制定数据采集方案，明确采集目标、采集的数据类型和范围、数据采集方法、数据质量要求、数据采集责任人、时间进度安排、采集频次等，相关人员按照数据采集方案和相关作业规程进行业务范围内的数据采集，并根据数据录入审核机制，严格落实岗位责任制，控制数据源头质量，保障数据及时、准确，为运行期完整性管理的有效实施奠定坚实的数据基石。

3.5.2　运行期"六步""六措"

运行期完整性管理"六步"明确了运行期各项业务活动的管理策略，促进设备设施基于风险管控的"优育"，保障管道和站场安全平稳运行。

3.5.2.1　管道运行期完整性管理策略

管道运行期完整性管理策划以"六步"为管理主线，细化和规范管道运行期完整性管理各环节管控要求 24 项，针对管道运行期间，开展数据采集、在线监测、腐蚀防护、高后果区识别和风险评价、检测评价、维修维护、综合管理和停用、封存、报废管理等工作，确保管道符合设计要求、功能完好，保持管道无故障运行的管理过程，从而实现管道本质安全。管道运行期管道完整性管理策略图详见图 3－7。

图 3－7　管道运行期管道完整性管理策略

(1)"采"

数据采集与集成工作开展管道和站场完整性管理工作的基础，是一切数据应用的起点。管道完整性管理数据采集工作主要内容包括数据采集、信息平台管理、数据治理、数据集成与可视化等，根据管理内容制定了Ⅰ类、Ⅱ类、Ⅲ类管道完整性管理数据采集与集成策略，详见表 3－2。

管道完整性管理数据分为基础数据和业务数据，具体内容包括：管道属性数据（例如中心线数据、基础数据等）、管道环境及人文数据（包括地理信息数据、建筑、穿跨越、卫星遥感图像等）、管道建造数据（包括阴极保护系统数据、设施数据等）、管道运行数据、风险数据、失效管理数据、检测数据、维修维护数据等。

表3-2 Ⅰ类、Ⅱ类、Ⅲ类管道完整性管理数据采集与集成策略

工作任务	工作内容	管理/技术策略	工作周期	工作依据
基础数据采集	建设期全部数据信息（如：阴保数据、管道信息化建设、设计数据、施工数据、测绘数据、焊缝数据、完整性检查数据、完整性验收数据、工艺安全信息数据、试运行数据）	1. 数字化交付平台；2. 完整性管理系统	数据采集计划及方案决定	1. Q/SY TZ 0633—2020 油气田管道和站场建设期完整性管理设计专章编制规范； 2. Q/SY TZ 0631—2020 油气田管道和站场建设期完整性管理施工阶段专项验收规范； 3. Q/SY TZ 0630—2020 油气田管道和站场建设期完整性管理施工阶段专项检查规范； 4. Q/SY TZ 0629—2020 油气田管道和站场建设期完整性管理施工阶段专项方案编制规范； 5. Q/SY TZ 0628—2020 油气田管道和站场建设期完整性管理施工阶段专项监理和质量监督规范； 6. Q/SY TZ 0632—2020 油气田管道和站场建设期完整性数据采集技术规范； 7. Q/SY 1363—2011 工艺安全信息管理规范； 8. 油地面字〔2019〕93 号：塔里木油田公司油气田管道和站场建设期施工阶段完整性管理专项验收要求和程序等三项技术文件
	运行期数据（管道运行数据、失效管理数据、历史记录数据、输送介质数据、检测数据、管道风险数据等）			
信息平台管理	数据录入	—	—	1. 管道完整性管理系统；2. Q/SY 01039.2—2020 油气集输管道和厂站完整性管理规范 第2部分：管道数据管理
	数据校验与整合	—	—	
	数据审核入库	—	—	
	数据移交	数据表单	—	
	数据更新与日常维护	—	—	
数据治理	制定数据治理方案	—	—	—
数据分析	开发数据对齐与分析软件	—	—	
数据集成与可视化	开展数据集成应用与可视化研究	—	—	

这些数据信息主要来源于内部数据信息和外部数据信息，如内部数据信息主要来源于建设期的图纸、设计资料、运行期管理数据、检维修数据、监检测数据等，外部数据主要来源于气象、水文、地质部门等基础数据和业务数据的统一化、规范化、工具化的综合管理。

在数据采集过程中应贯彻"简约、实用"的原则，采用后续流程所必需的数据，减少冗余，并确保数据真实、准确、完整。通过对站场完整性管理数据的收集与整理，录入相关的完整性管理数字化平台当中，不断地完善和更新数据，逐渐形成管道完整性管理数据信息库，对采集的各类数据进行整合与分析，更有利于开展下一步的管道完整性管理工作。

（2）"识"

管道开展潜在高风险部位识别与分析工作的主要工作方法为管道高后果区识别、管道定性风险评价、管道定量风险评价、管道半定量风险评价、工艺安全分析、工艺适应性分析等，根据管理内容制定了Ⅰ类、Ⅱ类、Ⅲ类管道完整性管理潜在高风险识别与分析具体实施策略，详见表3-3～表3-5。

表3-3　Ⅰ类管道完整性管理潜在高风险识别与分析策略

工作任务	工作内容	管理/技术策略	工作周期	工作依据
高后果区识别	现场路由调查	—	—	Q/SY TZ 0568—2019 油气田管道高后果区识别规范
	管道高后果区常规识别	管道高后果区常规识别准则	对已确定的高后果区，定期复核，复核时间间隔一般为12个月，最长不超过18个月	TLM-PSIM-ZY-0401管道高后果区常规识别作业规程
	高含硫管道高后果区识别	高含硫管道高后果区识别准则	对已确定的高后果区，定期复核，复核时间间隔一般为12个月，最长不超过18个月	TLM-PSIM-ZY-0402高含硫管道高后果区识别作业规程
工艺安全分析（PHA）	What If/Checklist、LEC、RAM、ETA、FTA、Why-Tree等工艺安全分析	—	基准PHA确定后三年或五年	Q/SY TZ 0396—2019工艺安全分析管理规范

续表

工作任务	工作内容	管理/技术策略	工作周期	工作依据
风险评价	定性风险评价	1. 净化油气管道失效可能性打分表； 2. 碳钢集输管道失效可能性打分表； 3. 双金属复合管集输管道失效可能性打分表； 4. 不锈钢纯材集输管道失效可能性打分表； 5. 非金属集输管道失效可能性打分表	每年至少进行一次	1. Q/SY TZ 0566—2019 油气田集输管道定性风险评价； 2. TLM - PSIM - ZY - 0403 管道定性风险评价作业规程
	半定量风险评价	1. 油气集输管道半定量风险评价模型打分表； 2. 净化油气管道半定量风险模型打分表	气田管道每年一次，油田管道每三年至少一次	1. Q/SY TZ 0569—2019 管道半定量风险评价规范； 2. TLM - PSIM - ZY - 0404 管道半定量风险评价作业规程
	定量风险评价	1. 事件树分析； 2. 危险度评价法； 3. QRA； 4. 概率模型	必要时对高后果区、高风险管道、"双高"管段开展定量风险评价	1. Q/SY 1646—2013 定量风险分析导则； 2. TLM - PSIM - ZY - 0405 管道定量风险评价作业规程； 3. Q/SY 01039.3—2019 油气集输管道和厂站完整性管理规范 第 3 部分：管道高后果区识别和风险评价
	专项评价	第三方破坏风险评价	—	Q/SY 1481 输气管道第三方损坏风险评估半定量法
		地质灾害风险评价	针对识别出的地质灾害敏感点，视情况开展；位于高后果区的地质灾害建议开展（地质灾害数据）	TLM - PSIM - ZY - 0406 管道地质灾害敏感点识别与风险评价
		缓蚀剂筛选评价	根据实际情况开展	1. Q/SY TZ 0520—2017 油气集输用缓蚀剂性能指标及评价方法； 2. 缓蚀剂筛选评价标准； 3. 缓蚀剂质量管理办法
		缓蚀剂效果评价	根据实际情况开展	

工作任务	工作内容	管理/技术策略	工作周期	工作依据
工艺适应性评价	工艺适应性评价指标、评价方法及评价软件	—	塔里木油田集输系统工艺适应性指标评价指南

表 3-4　Ⅱ类管道完整性管理潜在高风险识别与分析策略

工作任务	工作内容	管理/技术策略	工作周期	工作依据
高后果区识别	现场路由调查	—	—	Q/SY TZ 0568—2019 油气田管道高后果区识别规范
	管道高后果区常规识别	管道高后果区常规识别准则	对已确定的高后果区,定期复核,复核时间间隔一般为12个月,最长不超过18个月	TLM - PSIM - ZY - 0401 管道高后果区常规识别作业规程
	高含硫管道高后果区识别	高含硫管道高后果区识别准则	对已确定的高后果区,定期复核,复核时间间隔一般为12个月,最长不超过18个月	TLM - PSIM - ZY - 0402 高含硫管道高后果区识别作业规程
工艺安全分析(PHA)	What If/Checklist、LEC、RAM、ETA、FTA、Why-Tree 等工艺安全分析	—	基准 PHA 确定后三年或五年	Q/SY TZ 0396—2019 工艺安全分析管理规范
风险评价	定性风险评价	1. 净化油气管道失效可能性打分表; 2. 碳钢集输管道失效可能性打分表; 3. 双金属复合管集输管道失效可能性打分表; 4. 不锈钢纯材集输管道失效可能性打分表; 5. 非金属集输管道失效可能性打分表	每年至少进行一次	1. Q/SY TZ 0566—2019 油气田集输管道定性风险评价; 2. TLM - PSIM - ZY - 0403 管道定性风险评价作业规程

工作任务	工作内容	管理/技术策略	工作周期	工作依据
风险评价	半定量风险评价	1. 油气集输管道半定量风险评价模型打分表； 2. 净化油气管道半定量风险模型打分表	气田管道每年一次，油田管道每三年至少一次	1. Q/SY TZ 0569—2019 管道半定量风险评价规范； 2. TLM-PSIM-ZY-0404 管道半定量风险评价作业规程
	定量风险评价	1. 事件树分析； 2. 危险度评价法； 3. QRA； 4. 概率模型	必要时对高后果区、高风险管道、"双高"管段开展定量风险评价	1. Q/SY 1646—2013 定量风险分析导则； 2. TLM-PSIM-ZY-0405 管道定量风险评价作业规程； 3. Q/SY 01039.3—2019 油气集输管道和厂站完整性管理规范 第3部分：管道高后果区识别和风险评价
	专项评价	缓蚀剂筛选评价	根据实际情况开展	1. Q/SY TZ 0520—2017 油气集输用缓蚀剂性能指标及评价方法； 2. 缓蚀剂筛选评价标准； 3. 缓蚀剂质量管理办法
		缓蚀剂效果评价	根据实际情况开展	
工艺适应性评价		工艺适应性评价指标、评价方法及评价软件	—	塔里木油田集输系统工艺适应性指标评价指南

表3-5　Ⅲ类管道完整性管理潜在高风险识别与分析策略

工作任务	工作内容	管理/技术策略	工作周期	工作依据
高后果区识别	现场路由调查	—	—	Q/SY TZ 0568—2019 油气田管道高后果区识别规范
	管道高后果区常规识别	管道高后果区常规识别准则	对已确定的高后果区，定期复核，复核时间间隔一般为12个月，最长不超过18个月	TLM-PSIM-ZY-0401 管道高后果区常规识别作业规程
	高含硫管道高后果区识别	高含硫管道高后果区识别准则	对已确定的高后果区，定期复核，复核时间间隔一般为12个月，最长不超过18个月	TLM-PSIM-ZY-0402 高含硫管道高后果区识别作业规程

续表

工作任务	工作内容	管理/技术策略	工作周期	工作依据
工艺安全分析(PHA)	What If/Checklist、LEC、RAM、ETA、FTA、Why-Tree 等工艺安全分析	—	基准 PHA 确定后三年或五年	Q/SY TZ 0396—2019 工艺安全分析管理规范
风险评价	定性风险评价	1. 净化油气管道失效可能性打分表；2. 碳钢集输管道失效可能性打分表；3. 双金属复合管集输管道失效可能性打分表；4. 不锈钢纯材集输管道失效可能性打分表；5. 非金属集输管道失效可能性打分表	每年至少进行一次	1. Q/SY TZ 0566—2019 油气田集输管道定性风险评价；2. TLM-PSIM-ZY-0403 管道定性风险评价作业规程
	定量风险评价	1. 事件树分析；2. 危险度评价法；3. QRA；4. 概率模型	必要时对高后果区、高风险管道、"双高"管段开展定量风险评价	1. Q/SY 1646—2013 定量风险分析导则；2. TLM-PSIM-ZY-0405 管道定量风险评价作业规程；3. Q/SY 01039.3—2019 油气集输管道和厂站完整性管理规范 第3部分：管道高后果区识别和风险评价
	专项评价	缓蚀剂筛选评价	根据实际情况开展	1. Q/SY TZ 0520—2017 油气集输用缓蚀剂性能指标及评价方法；2. 缓蚀剂筛选评价标准；3. 缓蚀剂质量管理办法
		缓蚀剂效果评价	根据实际情况开展	
工艺适应性评价		工艺适应性评价指标、评价方法及评价软件	—	塔里木油田集输系统工艺适应性指标评价指南

其中高后果区是指管道如果发生泄漏会严重危及公众安全和(或)造成较大破坏的区域。发生在高后果区的管道泄漏事故可能会对管道沿线周边的人员安全、环境安全造成较大危害，进而产生较大社会影响。在非高后果区内的管道泄漏事故影响主要是针对管道企业内部，应避免在高后果区内发生管道泄漏，或者因管道泄漏导致的次生灾害。

管道风险评价是指识别对管道安全运行有不利影响的危害因素，评价事故发生的可能性和后果大小，综合得到管道风险大小，并提出相应风险控制措施的分析过程。工艺安全分析(简称 PHA)是通过系统的、有条理的方法来识别、评估和控制工艺中的危害，包括后果分析和工艺危害评价，以预防工艺危害事故的发生。在工艺装置的整个使用寿命期内进行的 PHA(现有装置 PHA)，主要包括基准 PHA 和周期性 PHA。

工艺适应性分析是针对特定的工艺流程和生产环境，根据工业生产的需要，综合考虑设备、原材料、环境、操作等方面的因素，评估和分析所选工艺是否适合在该生产环境下进行生产，并提出相应的解决方案和改进建议的一种方法。

(3)"检"

管道完整性管理检测检验与评价工作内容包括内检测、专项检测、内腐蚀直接评价、外腐蚀直接评价、合于使用评价、压力管道全面检验等工作内容，根据其风险评价结果、运行条件和经济条件等因素选择适宜的检验检测评价方法，检测评价应按照管道类别和风险评价结果实施差异化的策略，其中Ⅰ类、Ⅱ类、Ⅲ类管道完整性管理检测评价具体实施策略分别见表3-6～表3-8。在检测评价过程中发现的超标缺陷和高风险级缺陷应立即响应，并根据修复意见和整改期限进行处理。

表3-6　Ⅰ类管道完整性管理检测评价策略

检测评价	内检测		具备智能内检测条件时优先采用智能内检测
	直接评价	内腐蚀直接评价	有内腐蚀风险时开展直接评价
		外腐蚀直接评价 敷设环境调查	开展管道标识、穿跨越、辅助设施、地区等级、建(构)筑物、地质灾害敏感点等调查
		土壤腐蚀性检测	当管道沿线土壤环境变化时，开展土壤电阻率检测
		杂散电流测试	开展杂散电流干扰源调查，测试交直流管地电位及其分布，推荐采用数据记录仪
		防腐层(保温)检测	采用交流电流衰减法和交流电位梯度法(ACAS＋ACVG)组合技术开展检测
		阴极保护有效性检测	对采用强制电流保护的管道，开展通断电位测试，并对高后果区、高风险级管段推荐开展 CIPS 检测；对牺牲阳极保护的高后果区、高风险级管段，推荐开展极化探头法或试片法检测
		开挖直接检测	优先选择高后果区、高风险段开展开挖直接检测，推荐采取超声波测厚等方法检测管道壁厚，必要时可采用 C 扫描、超声导波等方法测试；推荐采取防腐层黏结力测试方法检测管道防腐层性能
	专项检测		必要时可开展河流穿越管段敷设状况检测、公路铁路穿越检测和跨越检测等

表 3-7　Ⅱ类管道完整性管理策略

检测评价	直接评价		内腐蚀直接评价	具备内腐蚀直接评价条件时优先推荐内腐蚀直接评价
		外腐蚀直接评价	敷设环境调查	开展管道标识、穿跨越、辅助设施、地区等级、建（构）筑物、地质灾害敏感点等调查
			土壤腐蚀性检测	当管道沿线土壤环境变化时，开展土壤电阻率检测
			杂散电流测试	开展杂散电流干扰源调查，测试交直流管地电位及其分布，推荐采用数据记录仪
			防腐层（保温）检测	采用 ACAS＋ACVG 组合技术开展检测
			阴极保护有效性检测	对采用强制电流保护的管道，开展通断电位测试，必要时对高后果区、高风险级管段可开展 CIPS 检测；对牺牲阳极保护的高后果区、高风险级管段，测试开路电位、通电电位和输出电流，必要时可开展极化探头法或试片法检测
			开挖直接检测	优先选择高后果区、高风险段开展开挖直接检测，推荐采取超声波测厚等方法检测管道壁厚，必要时可采用 C 扫描、超声导波等方法测试；推荐采取防腐层黏结力测试方法检测管道防腐层性能

表 3-8　Ⅲ类管道完整性管理策略

检测评价	腐蚀检测		内腐蚀检测	对管道沿线的腐蚀敏感点进行开挖抽查
		外腐蚀检测	土壤腐蚀性检测	测试管网所在区域土壤电阻率
			防腐层（保温）检测	对于高风险级管道，采用 ACAS＋ACVG 组合技术开展检测
			阴极保护参数测试	对采用强制电流保护的管道，开展通/断电位测试；对牺牲阳极保护的高后果区、高风险级管段，测试开路电位、通电电位和输出电流
			开挖直接检测	优先选择高后果区、高风险段开展开挖直接检测，推荐采取超声波测厚等方法检测管道壁厚；推荐采取防腐层黏结力测试方法检测管道防腐层性能

（4）"修"

管道检维修与隐患治理是完整性管理的重要内容，也是减缓风险的主要手段之一，主要工作内容包括隐患治理、设施改造与完善、管道修复与更换，根据工作内容制定了Ⅰ类、Ⅱ类、Ⅲ类管道完整性管理检维修与隐患治理策略，详见表 3-9。

表 3-9　Ⅰ类、Ⅱ类、Ⅲ类管道完整性管理检维修与隐患治理策略

工作任务	工作内容	管理/技术策略	工作周期	工作依据
隐患治理	隐患治理方案			
设施改造与完善	设施改造与完善方案	—	根据检维修周期确定	—
管道修复与更换	防腐层修复	1. 电火花检漏； 2. 交流电位梯度法（ACVG）检漏	根据缺陷评价结果进行确定	TLM-PSIM-ZY-0603 管道防腐层缺陷修复作业规程
	管道本体修复	1. 打磨； 2. 焊接类型：管帽补焊、补板、套筒； 3. 夹具类型：夹具、夹具注环氧； 4. 纤维复合材料类型：玻璃纤维复合材料修复、碳纤维复合材料修复； 5. 更换管道	根据缺陷评价结果进行确定	1. Q/SY TZ 0577—2019 管道本体缺陷修复作业规范； 2. TLM-PSIM-ZY-0604 管道本体缺陷修复作业规程； 3. TLM-PSIM-ZY-0607 复合材料修复作业规程
	复合材料修复	—	—	
基于检测的管道修复	基于检测评价结果的管道修复	—	—	
地质灾害治理	滑坡、崩塌、泥石流、地面塌陷、水毁、特殊土灾害、活动断裂等	地灾监测技术（光纤监测、应力监测、位移监测）、视频监控	—	TLM-PSIM-ZY-0609 管道地质灾害治理作业规程

　　管道维修维护管理应根据管道和站场的风险评价、检测评价结果，制定维修维护计划。其中管道维修作业主要有管道防腐（保温）层修复、管道本体缺陷修复等；管道维护作业主要有管道腐蚀控制、管道巡护、第三方管理、地质灾害预防等。按照不同的管道危害类型进行检测评价，针对管道危害类型，结合风险评价、检测评价结果制定维修维护措施，主要推荐采取以下维修维护措施：

　　1)管道防腐（保温）层修复是通过管道检测发现的防腐层破损点，首先应进行缺陷分级，并结合管道高后果区和风险评价结果，优先修复高后果区管段和高风险管段的防腐层缺陷；

　　2)管道本体缺陷修复，不同的管道本体缺陷需要选择不同的修复方式。一般情况下的管道修复均应按永久修复进行，只有在抢修情况下才可进行临时修复，

并在一定年限内进行永久性修复;

3)防止第三方破坏的预防措施包括但不限于:改善管道标志、第三方破坏监测系统、增加埋设深度、增加公众教育、管道用地维护、提高巡检频率、管道物理保护、在管道上安装管道标志带或警告装置等;

4)对腐蚀采取的控制措施包括但不限于:阴极保护的监控和维护、管道防腐层修复、外腐蚀直接评价、内腐蚀直接评价等;

5)对可能会发生的泄漏采取的控制措施包括但不限于:缩短发现泄漏的时间、缩短找出泄漏点的时间、减少泄漏量、缩短应急反应时间、提高应急反应能力、对泄漏源进行隔离和控制等;

6)对其他危险因素应根据风险评价和检测评价结果制定针对性维护措施。

(5)"控"

管道预防和控制主要包括失效管理、腐蚀控制、监测管理、管道巡护管理、管道常态化管理、管理管道输送保障等,根据管理内容制定了Ⅰ类、Ⅱ类、Ⅲ类管道完整性管理预防与控制策略,如表 3-10 所示。

表 3-10　Ⅰ类、Ⅱ类、Ⅲ类管道完整性管理预防与控制策略

工作任务	工作内容	管理/技术策略	工作周期	工作依据
管道输送保障	油田公司年度工作方案	油田公司年度工作方案模板	一年	1. 塔里木油田公司油气田管道和站场完整性管理办法; 2. TLM - PSIM - ZY - 0101 管道完整性管理"一线一案"编制作业规程; 3. TLM - PSIM - ZY - 0104 区域防腐方案编制作业规程
	油气生产单位年度工作方案		一年	
	Ⅰ类管道编写"一线一案"	"一线一案"模板	当管道发生新增、换管、改线等重大变更,站场新、改、扩建,工艺、设备等重大变更时,应在 3 个月内更新方案	
	Ⅱ类、Ⅲ类管道编写"一区一案"	"一区一案"模板		
	生产单位区域防腐方案	生产单位区域防腐方案模板	当管道发生新增、换管、改线等重大变更,站场新、改、扩建,工艺、设备等重大变更时,应在 3 个月内更新方案	
	完整性管理年度总结报告、月报等	完整性管理年度总结报告、月报模板	一年	
	制定或完善"双高"治理方案	"双高"治理方案模板	一年	TLM - PSIM - ZY - 0602 管道线路日常运行维护作业规程

续表

工作任务	工作内容	管理/技术策略	工作周期	工作依据
巡护管理	"双高"管段	1. 探管仪; 2. 超声波测厚仪; 3. 数码相机; 4. 可燃气体(硫化氢气体)泄漏检测仪; 5. 必要的通信装备(如对讲机、防爆手机等)	每日不低于一次	TLM-PSIM-ZY-0601管道线路巡检作业规程
	高风险管段	巡线模块		
	高后果区			
	穿跨越管道			
	地质灾害敏感点巡检和地质灾害防治			
	违章占压/安全距离不足			
	三桩两牌维护			
	第三方破坏管理			Q/SY TZ 0346—2017 石油天然气管道第三方施工管理规范
	施工现场管理			TLM-PSIM-ZY-0601管道线路巡检作业规程
	特殊作业现场管理			
失效控制	失效库和失效管理模块	失效库	—	1. 塔里木油田公司管道和站场失效管理细则; 2. TLM-PSIM-ZY-0701 管道失效数据采集作业规程; 3. TLM-PSIM-ZY-0702 管道失效数据分析作业规程; 4. TLM-PSIM-ZY-0703 站场失效数据采集作业规程; 5. TLM-PSIM-ZY-0704 站场失效数据分析作业规程
	失效信息上报与录入			
	失效识别分析			
	失效事件纠正与预防			
	失效统计分析			
	失效学习			

工作任务	工作内容	管理/技术策略	工作周期	工作依据
内腐蚀控制	工艺参数调整	1. 清管； 2. 缓蚀剂加注	根据全面检验报告确定周期	1. GB/T 23258—2020 钢质管道内腐蚀控制规范； 2. 塔里木油田公司地面生产系统防腐管理办法
	优化管材选型、推广非金属管材			
	缓蚀剂使用效果评价			
	耐蚀材质选择与评价			
	内涂层优化			
	缓蚀剂加注			
外腐蚀控制	外防护层状况管理	—	根据全面检验报告确定周期	1. GB/T 21447—2018 钢质管道外腐蚀控制规范； 2. Q/SY TZ 0525—2017 阴极保护系统运行管理规范； 3. TLM－PSIM－ZY－0510 管道杂散电流测试作业规程； 4. GB 50991—2014 埋地钢质管道直流干扰防护技术标准； 5. GB/T 50698—2011 埋地钢质管道交流干扰防护技术标准
	管体外部腐蚀状况管理			
	环境腐蚀性管理			
	附属设施状况管理			
	阴保设备设施信息管理、阴保设施完好率100%			
	阴保设备设施运维管理、阴保系统投运率100%、阴保系统检查维护到位率100%			
	阴保电位监/检测管理			
	阴保系统有效性管理、阴保系统保护率98%以上			
	杂散电流专项管理			
清管管理	清管作业方案	1. 清管器； 2. 日常清管作业	分段试压前，清管次数不应少于2次	1. Q/SY TZ 0475—2019 油气管道清管作业规范； 2. TLM－PSIM－ZY－0608 管道清管作业规程
	清管器发送与接收、跟踪、卡阻处理			
	清管周期、清管产物分析与处理			
	清管作业总结与评估			

工作任务	工作内容	管理/技术策略	工作周期	工作依据
监测管理	介质监测	1. 超声波法； 2. 电阻探针法； 3. 腐蚀挂片法； 4. 氢通量； 5. 电位监测法； 6. 超声导波法； 7. 目视检查法； 8. 化学分析法	1. 超声波测厚频次在腐蚀监测系统开始运行的半年内，宜设置为3个月测厚一次。之后，根据监测环境稳定性可以适当降低测厚频次，但不少于1次/半年； 2. 电阻探针法监测频次在腐蚀监测系统开始运行的半年内，宜设置为每4～8h记录一次数据，对于新设置的探针在腐蚀监测系统开始运行的初期，每15～30天下载一次监测数据。后期每3个月在监测点从数据采集器上下载监测数据； 3. 失重腐蚀挂片法在监测系统开始运行的初期，宜每隔2周回收一次失重挂片，之后根据不同的生产系统，宜每隔3～6个月更换一次失重腐蚀挂片； 4. 电位监测法频次宜设置为每个月采集一次； 5. 目视检查在停产检修时进行或每年一次；	TLM - PSIM - ZY - 0606 管道腐蚀监测作业规程
	产品监测			
	在线状态监测			
	腐蚀监测			Q/SY TZ 0523—2017 油气管道定点测厚技术规范
	定点测厚			
	高后果区监测			SY/T 6827—2020 油气管道安全预警系统技术规范
	隧道位移监测			Q/SY TZ 0419—2014 在役长输管道穿越隧道变形监测技术规范
	泄漏及预警监测			SY/T 6827—2020 油气管道安全预警系统技术规范

其中失效管理是油气田管道风险评价的基础工作之一，是快速获得风险特征的最直接方法，有助于科学评价管道及设备风险，及时采取针对性的风险减缓措施，提高完整性管理水平，提升管道及设备本质安全。腐蚀控制是通过加保护性覆盖层或保护膜、采用阴极保护法或加注缓蚀剂等方法来减缓腐蚀速率。

腐蚀监测是通过对腐蚀监测单位进行划分、腐蚀监测方案制定、腐蚀监测系统的运行及管理、数据处理及分析等步骤。根据腐蚀监测结果，结合生产运行工况、介质性质变化等情况，定期开展防腐方案在执行过程的适应性评价，优化防腐方案和措施，保证腐蚀系统处于受控状态。

管道巡护应根据管道分类分级管理要求，并结合实际情况，建立并完善管道巡检制度，明确巡检周期和内容。

管道常态化管理包括对管道运行参数、阴极保护西永参数、介质物性进行监控，对测试桩、警示桩、里程碑、标识牌、护坡堡坎、穿跨越管道及附属设施、强制电流系统、外加电流应急保护系统及电力线、牺牲阳极保护系统等进行现场维护。

（6）"评"

管道的效能评价和管理评审是对管道完整性管理工作执行情况的一个总结，主要包括效能评价与管理审核，根据管理内容制定了Ⅰ类、Ⅱ类、Ⅲ类管道完整性效能评价与管理评审策略，详见表3－11。

表3－11　Ⅰ类、Ⅱ类、Ⅲ类管道完整性效能评价与管理评审策略

工作任务	工作内容	管理/技术策略	工作周期	工作依据
效能评价	确定效能评价管理流程	效能评价系统	以"六步法"为一循环	1. Q/SY 01039.6—2019 油气集输管道和厂站完整性管理规范 第6部分：效能评价与审核； 2. TLM－PSIM－ZY－1101 管道完整性管理效能评价作业规程
	建立或完善完整性效能评价指标			
	管道失效率变化情况分析			
	效能评价结论分析，提出改进建议			
	编制效能评价报告			
管理评审	确定完整性审核评估管理流程	完整性管理审核评估系统	每年一次	Q/SY 01039.6—2019 油气集输管道和厂站完整性管理规范 第6部分：效能评价与审核
	制定完整性管理审核评估标准和目标			
	编制完整性管理审核评估计划和方案			
	开发或完善完整性管理体系量化审核清单			
	引入第三方咨询机构开展完整性管理体系审核			
	审核评估结果的跟踪验证			

其中效能评价是指对系统执行的某个步骤的过程、结果等性能进行评价，就其完成质量、作用发挥、资源损耗等指标进行量化或结论性评价。为掌握油气田公司完整性管理的真实水平，发现薄弱环节，应定期开展效能评价。效能评价应设定评价指标，对比历年各项指标变化情况，评价完整性管理工作效果。效能评价重点突出管道失效率变化情况和管道更新改造维护费用变化情况。管道完整性

管理效能评价目的是评估实施完整性管理前后管道事故失效率变化，制定了管道完整性管理效能评价指标，主要包括管道完整性管理覆盖度、管道风险评价覆盖度、高风险管段检测评价覆盖度、内检测完成率、腐蚀直接评价完成率、缺陷修复计划完成率、数据采集完成率和管道年失效率计算投产产出比等内容，油气田管道效能评价分项指标详见附录 A。

通过评价可直观得出实施管道完整性管理前后管道事故事件及损失情况的变化，发现管道完整性管理中存在的缺陷和不足，有效改进管理工作模式。

管理审核流程包括审核目标的制定、审核的策划和准备、审核方案的实施、形成审核评估问题清单、形成审核报告以及审核评估跟踪验证。其主要内容是以完整性管理体系的现状、适宜性、充分性和有效性以及方针和目标的贯彻落实及实现情况组织进行的综合评价活动，以 13 个体系要素的管理内容为基准，制定完整性管理体系审核清单，通过审核总结完整性管理体系的成效，并从当前成效上考虑找出与预期目标的差距，同时为管道完整性管理的下一步工作内容考虑可能改进的机会及方向。塔里木油田公司管道和站场完整性管理体系审核清单详见附录 B。

3.5.2.2　站场运行期完整性管理策略

站场运行期完整性管理策略以"六步"为管理主线，细化和规范站场运行期完整性管理各环节管控要求 27 项，针对站场设备设施运行期间，开展数据采集、在线监测、腐蚀防护、风险评价、检测评价、维修维护、综合管理和停用、封存、报废管理等工作，确保站场设备设施符合设计要求、功能完好，保持设备设施无故障运行的管理过程，从而实现设备设施本质安全，站场运行期完整性管理策略图详见图 3-8。

效能评价与管理评审
效能评价
管理审核

预防与控制
失效管理
腐蚀控制
监测管理
设备日常维护管理
站场常态化管理

隐患治理
设施改造与完善
装置检修
备品备件管理
设备维修
应急维修

数据采集与集成

数据采集
信息平台管理
数据治理
数据集成与可视化

潜在高风险识别与分析
潜在高风险部位识别
工艺安全分析
QRA、HAZOP、LOPA、SIL

检测检验与评价
定期检验：油专设备、特种设备、工业管道
动设备RCM
静设备RBI
在线/离线状态监测
电仪设备专项检测

检维修与隐患治理

采　识　检　修　控　评

站场完整性管理策略

图 3-8　运行期站场完整性管理策略

（1）"采"

站场运行期数据采集与集成工作也是开展站场运行期完整性管理工作的基础，主要工作内容包括：基础数据采集、信息平台管理、数据治理、数据分析、数据集成应用与可视化，根据管理内容制定了一类、二类、三类站场完整性管理数据采集与集成策略，详见表3-12。

表3-12　一类、二类、三类站场完整性管理数据采集与集成策略

工作任务	工作内容	技术方法/专业管理	周期	工作依据
基础数据采集	建设期全部数据信息（如：阴保数据、管道信息化建设、设计数据、施工数据、测绘数据、完整性检查数据、完整性验收数据、工艺安全信息数据、试运行数据）	1. 数字化交付平台；2. 完整性管理系统	数据采集计划及方案决定	1. Q/SY TZ 0633—2020 油气田管道和站场建设期完整性管理设计专章编制规范；2. Q/SY TZ 0631—2020 油气田管道和站场建设期完整性管理施工阶段专项验收规范；3. Q/SY TZ 0630—2020 油气田管道和站场建设期完整性管理施工阶段专项检查规范；4. Q/SY TZ 0629—2020 油气田管道和站场建设期完整性管理施工阶段专项方案编制规范；5. Q/SY TZ 0628—2020 油气田管道和站场建设期完整性管理施工阶段专项监理和质量监督规范；6. Q/SY TZ 0632—2020 油气田管道和站场建设期完整性数据采集技术规范；7. Q/SY 1363—2011 工艺安全信息管理规范；8. 油地面字〔2019〕93号：塔里木油田公司油气田管道和站场建设期施工阶段完整性管理专项验收要求和程序等三项技术文件
	运行期数据（日常管理数据信息、风险评价数据信息、检验检测数据信息、设备维护数据、设备运行参数等）			
信息平台管理	数据录入	—	—	1. Q/SY 01039.2—2020 油气集输管道和厂站完整性管理规范 第2部分：管道数据管理；2. Q/SY TZ 0578—2019 塔里木油田管道和站场完整性数据采集整合技术规范
	数据校验与整合	—	—	
	数据审核入库	—	—	
	数据移交	数据表单	—	
	数据更新与日常维护	—	—	
数据治理	制定数据治理方案	—	—	

续表

工作任务	工作内容	技术方法/ 专业管理	周期	工作依据
数据分析	开发数据对齐与分析软件	—	—	
数据集成 应用、可视化	开展数据集成应用与 可视化研究	—	—	

站场运行期完整性数据涉及的设备类型主要包括：工艺管道、压力容器、储罐、加热炉、电气设备、自动化仪表、阀门、机泵、压缩机等，各种设备的数据类型主要包括：基础数据、运行数据、风险评价数据、检测评价数据、维修维护数据、人口环境数据、失效数据等。

通过对站场完整性管理数据的收集与整理，录入相关的完整性管理数字化平台当中，并不断地完善和更新数据，确保录入质量，丰富站场完整性管理数据库，逐渐形成站场完整性管理数据信息库，对采集的各类数据进行整合与分析，更有利于开展下一步的站场完整性管理工作。

（2）"识"

站场潜在高风险识别与分析主要包括潜在高风险部位识别、工艺安全分析、风险分析等，根据管理工作内容制定了一类、二类、三类站场完整性管理潜在高风险识别与分析策略，详见表 3-13。

表 3-13　一类、二类、三类站场完整性管理潜在高风险识别与分析策略

工作任务	工作内容	技术方法/专业管理	周期	工作依据
工艺安全分析		What If/Checklist、LEC、RAM、ETA、FTA、Why-Tree 等工艺安全分析标准	—	Q/SY TZ 0396—2019 工艺安全分析管理规范
风险评价	工艺装置	HAZOP、SCL（安全检查表法）、FMEA（一类站场）	两重点一重大，三年一次	1. 油勘〔2017〕201 号—附件 3：中国石油天然气股份有限公司油气集输站场检测评价及维护技术导则； 2. Q/SY TZ 0527—2017 油气处理场站工艺安全管理规范； 3. TLM-PSIM-ZY-0805 站场工艺危险与可操作性分析（HAZOP）作业规程
		HAZOP（二类、三类站场）		

续表

工作任务	工作内容	技术方法/专业管理	周期	工作依据
风险评价	安全仪表系统	SIL等级评估：修正图表分析法、LOPA法	根据油气生产单位生产的总体情况确定	1. 油勘〔2017〕201号—附件3：中国石油天然气股份有限公司油气集输站场检测评价及维护技术导则； 2. Q/SY TZ 0511—2017油气处理场站安全仪表系统管理规范； 3. TLM-PSIM-ZY-0804站场安全仪表系统SIL评价作业规程
	定量风险评价	QRA	—	1. Q/SY 1646—2013定量风险分析导则； 2. 油勘〔2017〕201号—附件3：中国石油天然气股份有限公司油气集输站场检测评价及维护技术导则
	共振识别与分区	振动监测及共振区识别（一类站场、二类站场）	—	—
	"四新"评价	新技术、新设备、新工艺和新材料应用前的评价	—	1. "四新"评价管理办法； 2. Q/SY TZ 0497—2017新工艺、新技术、新材料、新设备危害控制规范
	缓蚀剂筛选评价	缓蚀剂适用性与介质、材料的关系	—	1. 缓蚀剂筛选评价标准； 2. 缓蚀剂质量管理办法
潜在高风险部位识别	高风险管段专项分析、高风险部位分布图	肯特打分表（半定量）	按全面检验报告实施	Q/SY TZ 0527—2017油气处理场站工艺安全管理规范

其中，潜在高风险部位是由于站场内工艺管道和设备的温度、压力、流速、相态、介质等发生变化，导致材料腐蚀或加快腐蚀速率、材料性能劣化，从而引发工艺管道或设备穿孔泄漏，危及公众安全、财产损失、环境破坏等潜在危险源的部位。站场开展潜在高风险部位识别与分析工作的主要工作方法为站场潜在高风险部位识别、安全完整性等级（SIL）评估、危险和可操作性研究（HAZOP）、量化风险分析（QRA）法、保护层分析（LOPA）方法、工艺安全分析等。

其中站场潜在高风险部位识别是基于工艺安全分析结果或者腐蚀因素分析结果进行的。安全完整性等级（SIL）评估是确定每个安全仪表功能的安全完整性等级及诊断、测试和维护要求等。保护层分析（LOPA）方法是通过分析事故场景初始事件、后果和独立保护层，对事故场景风险进行半定量评估的一种系统方法。

（3）"检"

站场检验检测与评价工作主要包括：对油专设备、特种设备及工业管道开展定期检验、动设备 RCM、静设备 RBI、在线/离线状态监测、电仪设备专项检测，根据管理内容制定了一类、二类、三类站场完整性管理检验检测与评价策略，详见表 3 - 14。其中对于静设备开展基于风险的检验（RBI），对于开展了 RCM 的动设备和开展了 SIL 评价的安全仪表系统，应结合 RCM、SIL 给出的评价结果，开展检测工作；未开展 RCM、SIL 评价的动设备和安全仪表系统，按照本单位既有相关规定要求，开展检验检测工作，在检测评价过程中发现的超标缺陷和高风险级缺陷应立即响应，根据修复意见和整改期限进行处理。

表 3 - 14　一类、二类、三类站场完整性管理检验检测与评价策略

工作任务	工作内容	技术方法/专业管理	周期	工作依据
工业管道	全面检验（定期检验）	资料审查、宏观检查、壁厚测定、表面缺陷检测、埋藏缺陷检测、材质分析、耐压强度校核、应力分析、耐压试验、泄漏试验、安全附件与仪表校验、安全等级评定	分级别（安全定级）开展，3～6 年开展一次	1. TSG D7005—2018 压力管道定期检验规则——工业管道；2. 塔里木油田公司管道管理办法
	在线检验（年度检验）	管道安全管理情况检查、管道运行状况检查、壁厚测定、电阻值测量、安全附件与仪表检查	每年至少一次	
	基于风险的检验 RBI	RBI 与周期性 PHA 同步开展	三年一次	1. Q/SY TZ 0635—2020 基于风险的检验实施规范；2. TLM - PSIM - ZY - 0802 站场静设备 RBI 评价作业规程
	开展腐蚀监测	腐蚀挂片、腐蚀探针、电阻法、线性极化电阻、电感阻抗法、FSM（全周向腐蚀检测技术）	按全面检验报告实施	1. 油地面〔2019〕85 号；塔里木油田公司地面生产系统防腐管理办法；2. TLM - PSIM - ZY - 0606 管道腐蚀监测作业规程；3. TLM - PSIM - ZY - 0903 站场静设备腐蚀监测作业规程
	开展附件定期校验	校验	每年开展一次	1. TSG D7005—2018 压力管道定期检验规则——工业管道；2. 塔里木油田公司管道管理办法

续表

工作任务	工作内容	技术方法/专业管理	周期	工作依据
特种设备	压力容器定期检验	资料审查、宏观检验、壁厚测定、超声波检测、TOFD、射线检测、荧光磁粉、渗透、声发射、涡流、相控阵、漏磁、尺寸测量、硬度测定、金相检验、安全附件检查、强度校核、安全状况等级评定	分级别（安全状况等级）开展，1～6年开展一次	1. TSG 21—2016 固定式压力容器安全技术监察规程；2. 油设备物资〔2019〕19号：塔里木油田公司特种设备管理办法
	压力容器年度检查	压力容器安全管理情况检查、压力容器本体及运行状况的检查、安全附件的检查	每年开展一次	
	超限压力容器专项检验	容器简图测绘、宏观检查、壁厚测定、无损检测、硬度测试、光谱分析、金相分析、安全附件的检查	根据全面检验报告确定检测周期	
	基于风险的检验 RBI	RBI	半定量风险评价（三年一次）与周期性 PHA 同步	1. Q/SY TZ 0635—2020 基于风险的检验实施规范；2. TLM-PSIM-ZY-0802 站场静设备 RBI 评价作业规程
	密封性试验（气密性）	气密性试验、密封垫	定期检测	TSG 21—2016 固定式压力容器安全技术监察规程
	附件定期校验	校验	每年开展一次	
油专设备	油专设备定期检验	资料审查、宏观检验、壁厚测定、超声波检测、TOFD、射线检测、荧光磁粉、渗透、声发射、涡流、相控阵、漏磁、尺寸测量、硬度测定、金相检验、安全附件检查、强度校核、安全状况等级评定	分级别（安全定级）开展，1～6年开展一次	1. TSG 21—2016 固定式压力容器安全技术监察规程；2. 油物装〔2021〕5号：塔里木油田公司专用设备管理办法；3. Q/SY TZ 0635—2020 基于风险的检验实施规范；4. TLM-PSIM-ZY-0802 站场静设备 RBI 评价作业规程
	油专设备年度检查	安全管理情况检查、本体及运行状况的检查、安全附件的检查	每年开展一次	
	油专设备附件定期校验	校验	每年开展一次	

工作任务	工作内容	技术方法/专业管理	周期	工作依据
电气设备	变压器	绝缘电阻：采用 2500V 兆欧表测量	定期测试	1. 油物装〔2021〕5 号：塔里木油田公司电气设备管理办法； 2. TLM - PSIM - ZY - 1001 静设备维修维护作业规程； 3. TLM - PSIM - ZY - 1002 动设备日常维护与保养作业规程
		红外测温	日常检查	
	防爆电器	气密性检验	定期检测	
	电气仪表	定期校验	定期标定	
锅炉类设备	定期检验	盘管：资料审查、宏观检验、壁厚测定、超声波检测、TOFD、射线检测、荧光磁粉、渗透、声发射、相控阵、涡流、漏磁、尺寸测量、金相检验、安全附件检查、安全状况等级评定	每年进行一次外部检验，一般每两年进行一次内部检验	1. TSG 11—2020 锅炉安全技术规程； 2. 油设备物资〔2019〕14 号：塔里木油田公司设备管理办法
	年度检查	外观检查、目测		
	密封性试验	气密性试验、密封垫	定期检测	
	循环水	锅炉水质量管理、定期分析化验与检查	定期检测	
	附件定期校验	动作的可靠性	定期检测	
压缩机	压缩机状态监测	动态压力信号监测、振动信号监测、超声波信号监测、温度信号监测、故障诊断	日常检查	1. 油勘〔2017〕201 号—附件 3：中国石油天然气股份有限公司油气集输站场检测评价及维护技术导则； 2. TLM - PSIM - ZY - 0803 站场动设备 RCM 评价作业规程
		以自带在线状态监测系统为主	日常检查	
	日常管理	启动前检查、日常运行检查	日常检查	
	重要部件	曲轴、连杆、销子等	日常检查	
	维修维护	RCM(800kW 以上机组)	—	
	润滑油防冻液	定期分析化验与检查、润滑油和防冻液质量管理	定期检测	
机泵类	离线状态监测	信号位置的确定、动态压力信号监测、振动信号监测、故障诊断	日常检查	

续表

工作任务	工作内容	技术方法/专业管理	周期	工作依据
动设备附件	定期校验	动设备附属仪器仪表、安全附件	每年校验一次	1. 油设备物资〔2019〕14号：塔里木油田公司设备管理办法； 2. TLM-PSIM-ZY-1002动设备日常维护与保养作业规程
安全仪表系统评价与测试	安全仪表系统	SIL等级评估：修正图表分析法、LOPA法	根据油气生产单位生产的总体情况确定	1. 油地面〔2019〕88号：塔里木油田公司仪表及自控系统管理办法； 2. Q/SY TZ 0511—2017油气处理场站安全仪表系统管理规范
		功能测试、回路测试	定期测试	
	站控单元	RTU系统调试、RTU单元测试、软件功能测试、附属仪表定期校验	定期测试、定期校验	
	井口安全切断系统	功能测试、回路测试、附属仪表定期校验	定期测试、定期校验	
	安防系统	功能测试、回路测试、附属仪表定期校验	定期测试、定期校验	
	紧急切断系统	功能测试、回路测试、附属仪表定期校验	定期测试、定期校验	
	过压保护系统	功能测试、回路测试、附属仪表定期校验	定期测试、定期校验	
	自动消防系统	与ESD联锁的进行测试、进入ESD系统的进行测试、附属仪表定期校验	定期测试、定期校验	
	参数报警系统	功能测试、回路测试、附属仪表定期校验	定期测试、定期校验	
	点火系统	功能测试、回路测试、附属仪表定期校验	定期测试、定期校验	

（4）"修"

站场检维修与隐患治理包括隐患治理、设施改造与完善、装置检修、备品备件管理、设备维修、应急维修等，根据管理内容制定了一类、二类、三类站场完整性管理检维修与隐患治理策略，详见表3-15。

表 3 – 15　一类、二类、三类站场完整性管理检维修与隐患治理策略

工作任务	工作内容	技术方法/专业管理	周期	工作依据
装置检修	预防性检维修、预知性检维修	RBI 报告制定的维修维护策略（一类、二类、三类站场）	半定量风险评价（三年一次）与周期性 PHA 同步	1. Q/SY TZ 0635—2020 基于风险的检验实施规范； 2. TLM – PSIM – ZY – 0802 站场静设备 RBI 评价作业规程
		RCM 报告制定的维修维护策略（一类、二类站场）	—	1. 油勘〔2017〕201 号—附件 3：中国石油天然气股份有限公司油气集输站场检测评价及维护技术导则； 2. TLM – PSIM – ZY – 0803 站场动设备 RCM 评价作业规程
		SIL 报告制定的维修维护策略（一类站场）	根据油气生产单位生产的总体情况确定	1. 油勘〔2017〕201 号—附件 3：中国石油天然气股份有限公司油气集输站场检测评价及维护技术导则； 2. Q/SY TZ 0511—2017 油气处理场站安全仪表系统管理规范； 3. TLM – PSIM – ZY – 0804 站场安全仪表系统 SIL 评价作业规程； 4. 塔里木油田公司油气装置检修管理实施细则
静设备维修	防腐层修复	补口修复、防腐层局部修复、防腐层大修	根据全面检验报告确定周期	TLM – PSIM – ZY – 0603 管道防腐层缺陷修复作业规程
	设备本体修复	复合材料、补强，针对缺陷，按修复方案实施	根据全面检验报告确定周期	1. 塔里木油田公司设备修理管理办法； 2. Q/SY TZ 0199.5—2019 油气处理装置检、维修及质量验收规范 第 5 部分：容器类设备； 3. Q/SY TZ 0275—2014 安全阀安全技术规范； 4. TLM – PSIM – ZY – 1001 静设备维修维护作业规程
	附件修复	更换	根据全面检验报告确定周期	
动设备维修	以可靠性为中心的维修	RCM	—	1. 油勘〔2017〕201 号—附件 3：中国石油天然气股份有限公司油气集输站场检测评价及维护技术导则； 2. TLM – PSIM – ZY – 0803 站场动设备 RCM 评价作业规程
	事后维修	更换损坏部件，关键是要确定更换配件的安装步骤及精度	根据全面检验报告确定周期	1. 塔里木油田公司设备修理管理办法； 2. Q/SY TZ 0298—2019 往复式压缩机组大修技术规范

工作任务	工作内容	技术方法/专业管理	周期	工作依据
仪表系统维修	关键阀门测试与维修	零配件质量及压力试验	根据全面检验报告确定周期	1. Q/SY TZ 0511—2017 油气处理场站安全仪表系统管理规范； 2. 油地面〔2019〕88 号：塔里木油田公司仪表及自控系统管理办法
应急维修	更换损坏部件、机械夹具	备品配件的购置	根据全面检验报告确定周期	1. 应急管理办法； 2. Q/SY TZ 0515—2017 316L 双金属机械复合管刺漏换管抢险施工规范
设施改造与完善	设备技改技措、设备更换	—	—	1. TSG 21—2016 固定式压力容器安全技术监察规程； 2. 塔里木油田公司油气装置检修管理实施细则
工艺阀门维修	—	更换损坏部件或整体更换，以及对零配件质量及压力进行试验	定期维护	塔里木油田公司设备修理管理办法
备品备件管理	—	—	—	塔里木油田公司设备修理管理办法
基于检测的维修	—	—	—	—
隐患治理	基于完整性评价结果的隐患治理	—	—	塔里木油田公司油气田管道和站场完整性管理办法

维修维护计划须结合静设备、动设备、安全仪表系统的风险评价、检测评价结果等内容制定。维修计划内容至少应包括：须维修缺陷的类型、具体位置与方位、缺陷的大小等详细信息；维护计划内容至少包括：维护对象、维护方法、维护周期、维护人员等。须制定维修维护方案，落实维修维护工作所需要的各项资源，开展具体的维修维护工作。

1)对于开展了 RBI 的静设备，应结合 RBI 给出的维修维护策略，开展维修维护工作；未开展 RBI 的静设备，按照塔里木油田公司制定的静设备维修维护作业规程执行。

2)开展了 RCM 的动设备，应结合 RCM 给出的检维修策略，优化维修保养周期和方法，并开展维修维护工作；未开展 RCM 的动设备，按照塔里木油田公司制定的动设备日常维护与保养作业规程做好日常维护与保养。

3)开展了 SIL 的安全仪表系统，应结合 SIL 给出的检维修策略，优化维修保养周期和方法，并开展维修维护工作；未开展 SIL 的安全仪表系统，按照现有相关规定要求做好维修维护工作。

(5)"控"

站场完整性管理预防与控制包括失效管理、腐蚀控制、监测管理、设备日常维护管理、站场常态化管理等内容，根据管理内容制定了一类、二类、三类站场完整性管理预防与控制策略，详见表 3-16。

表 3-16 一类、二类、三类站场完整性管理预防与控制策略

工作任务	工作内容	技术方法/专业管理	周期	工作依据
完整性管理方案与总结	管道和站场完整性管理工作方案、一类站场编制完整性管理"一站一案"，二类、三类站场编制"一区一案"区域防腐方案、完整性管理年度总结报告	管道和站场完整性管理工作方案模板、站场完整性管理"一站一案"模板、"一区一案"模板、区域防腐方案模板、完整性管理年度总结报告模板	当站场发生新、改、扩建，工艺、设备等重大变更时，应在 3 个月内更新方案；年度总结报告一年一次	1. 塔里木油田公司油气田管道和站场完整性管理办法；2. 塔里木油田公司地面生产系统防腐管理办法；3. TLM-PSIM-ZY-0102 站场完整性管理方案编制作业规程
站场常态化管理	日常操作管理	操作规程	—	—
设备日常维护管理	工艺阀门定期维护	—	定期检验	Q/SY TZ 0199.2—2019 油气处理装置检、维修及质量验收规范 第 2 部分：工业管道、阀门及附件
	静设备维护	1. 本体修复；2. 防腐层修复；3. 附件修复	定期维护	TLM-PSIM-ZY-1001 静设备维修维护作业规程
	动设备维护	1. 润滑油及防冻液；2. RCM；3. 更换配件的安装步骤及精度	定期维护	TLM-PSIM-ZY-1002 动设备日常维护与保养作业规程
	电气设备维护	1. 变压器；2. 防爆电器；3. 电气仪表	1. 定期测试；2. 日常检查；3. 定期检测；4. 定期标定	油物装〔2021〕5 号：塔里木油田公司电气设备管理办法

续表

工作任务	工作内容		技术方法/专业管理	周期	工作依据
日常检查	地基、设备及管线日常检查		日检表	每日	1. 塔里木油田公司油气田管道和站场地面生产管理办法； 2. TLM – PSIM – ZY – 1003 站场防泄漏作业规程
失效控制	失效信息上报与录入		失效库	—	1. 塔里木油田公司管道和站场失效管理细则； 2. TLM – PSIM – ZY – 0703 站场失效数据采集作业规程； 3. TLM – PSIM – ZY – 0704 站场失效数据分析作业规程
	失效识别分析				
	失效事件纠正与预防				
	失效统计分析				
	失效学习				
腐蚀防护	内腐蚀防护	内涂层	涂层厚度检测、电火花测试	根据全面检验报告确定周期	Q/SY TZ 0391 压力容器内涂层施工及验收规范
		牺牲阳极	计算阳极块的大小和数量及安装的有效性		牺牲阳极使用管理规范
		异种钢腐蚀控制	绝缘法兰、绝缘垫片、套筒		异种金属防腐管理规范
		缓蚀剂	井口、集气站、转集油站、集输干线（长）、进站汇管、污水处理系统		Q/SY TZ 0520 油气集输用缓蚀剂性能指标及评价方法
	外腐蚀防护	阴极保护	密间隔电位测试（CIPS）	根据全面检验报告确定周期	Q/SY TZ 0525 阴极保护系统运行管理规范
			通/断电位测试		
			管地电位测试		
			阳极地床测试		
			电绝缘性测试		
			阴极保护电源运行情况调查		
			阴极保护故障排查		
		外防腐层	PCM+		防腐层检测作业规程

续表

工作任务	工作内容	技术方法/专业管理	周期	工作依据
监测管理	介质监测	在线分析和取样分析	定期检测	TLM-PSIM-ZY-0903 站场静设备腐蚀监测作业规程
	产品监测	在线分析和取样分析	定期检测	
	在线状态监测	以自带在线状态监测系统为主	日常检查	1. Q/SY TZ 0388—2017 动设备振动状态监测与故障诊断数据采集及评价方法； 2. TLM-PSIM-ZY-0902 动设备运行状态监测作业规程
	定点测厚	1. 无损检测接触式超声脉冲回波法测厚方法； 2. 数字式直读测厚仪	根据全面检验报告确定周期	Q/SY TZ 0523—2017 油气管道定点测厚技术规范
	腐蚀监测	1. 挂片监测； 2. 电阻探针监测； 3. 线性极化探针监测	根据全面检验报告确定周期	1. Q/SY TZ 0519—2017 油气田地面系统电阻探针使用规范； 2. Q/SY TZ 0512—2017 油气田地面系统腐蚀挂片使用技术规范； 3. TLM-PSIM-ZY-0903 站场静设备腐蚀监测作业规程
	离线状态监测	动态压力信号监测、振动信号监测、故障诊断	—	塔里木油田公司设备状态监测与故障诊断管理办法
闲置、停用管理	—	—	—	Q/SY TZ 0747—2021 油气田地面生产系统装置、设备及管道停用、闲置技术规范、塔里木油田公司设备管理办法

其中，站场的失效管理是快速获得风险特征的最直接方法，有助于科学地评价站场中的风险，及时采取针对性的风险减缓措施，提高完整性管理水平，提升站场中设备设施的本质安全。

（6）"评"

站场完整性管理效能评价与管理评审包括效能评价和管理评审，根据管理内容制定了一类、二类、三类站场完整性效能评价与管理评审策略，详见表3-17。

表3-17　一类、二类、三类站场完整性效能评价与管理评审策略

工作任务	工作内容	技术方法/专业管理	周期	工作依据
效能评价	确定效能评价管理流程	效能评价系统	以"六步法"为一循环	1. Q/SY 01039.6—2019 油气集输管道和厂站完整性管理规范 第6部分：效能评价与审核；2. TLM-PSIM-ZY-1102 站场完整性管理效能评价作业规程
	建立或完善完整性效能评价指标（静设备、动设备、安全仪表系统）			
	站场失效率变化情况分析			
	站场更新改造维护费用变化情况分析			
	效能评价结论分析，提出改进建议			
	编制效能评价报告			
管理评审	确定完整性审核评估管理流程	完整性管理审核评估系统	每年一次	Q/SY 01039.6—2019 油气集输管道和厂站完整性管理规范 第6部分：效能评价与审核
	制定完整性管理审核评估标准和目标			
	编制完整性管理审核评估计划和方案			
	开发或完善完整性管理体系量化审核清单			
	引入第三方咨询机构开展完整性管理体系审核			
	审核评估结果的跟踪验证			

为掌握油气田公司站场完整性管理的真实水平、发现薄弱环节，应定期开展效能评价，设定站场完整性管理评价指标，对比历年各项指标变化情况，评价站场完整性管理工作效果。效能评价作为识别管理过程疏漏、鉴别管理效果、效益和效率的强有力工具，可以为完整性管理的推广应用提供重要保障。根据站场完整性管理关注重点及效能评价目标，选择效能评价指标。效能评价指标根据站场完整性管理工作中的危害因素进行确定。站场危害因素宜根据工艺、介质、运行参数等确定，包括但不限于以下三种：

1)静设备危害因素包括内腐蚀、外腐蚀、应力腐蚀开裂、脆化、高温氢损伤、疲劳、蠕变、衬里层失效等；

2)动设备危害因素包括设备损坏、输出不稳、结构缺陷、误动作、堵塞/阻塞、效用介质外泄、不能按要求打开、不能按要求关闭、仪表读数异常等；

3)安全仪表系统危害因素包括逻辑中断、电压不稳、执行器不能按要求动作、传感器信号失效等。

站场完整性管理审核与管道完整性管理审核流程一致，主要审核内容包括数据采集、潜在高风险部位识别与分析、检维修与隐患治理、预防与控制等站场完整性管理工作执行情况，以完整性管理审核清单为审核依据开展审核，跟踪验证站场完整性管理工作内容是否按照体系文件要求开展了站场完整性管理工作。具体审核清单详见附件 2。

3.5.2.3　管道和站场运行期完整性管理"六措"

在推进运行期"六步"循环的过程中，持续应用"六措"保证工作连续性，促进运行期管道和站场完整性管理工作有序开展，具体工作内容详表 3-18。

表 3-18　运行期管道和站场完整性管理"六措施"

六措施		工作内容
采	数据采集	管道和站场属性数据、环境和人文数据、建造数据、生产数据、失效数据、检验检测数据、检验检测报告等
查	潜在高风险或隐患排查	管道高后果区识别与风险评价、管道专项风险评价、工艺安全分析、站场潜在高风险部位识别、站场 RBI、站场 SIL、站场 RCM、站场 QRA、工艺适应性评价、故障诊断等
检	检验检测	压力管道及特种设备全面检验、检测评价[管道内检测、管道内腐蚀直接评价(ICDA)、管道外腐蚀直接评价(ECDA)、专项检测]等
修	维修维护	缺陷修复、站场装置检修、设施改造与完善、设备维修、备品备件管理、隐患治理、日常维护等
防	腐蚀防护	精细选材(应用非金属管材)、腐蚀监测、缓蚀剂加注、缓蚀剂效果评价、内涂层、外防腐层、阴极保护等
管	常态化管理	监测管理、工作计划、实施跟踪指导、检查考核、工作总结、调研与攻关、工作例会、成果共享、信息系统、管理平台、技能培训、管理工具、油田公司及生产单位年度工作方案、作业区和站队"一线一案""一区一案"或"一站一案"、生产单位区域防腐方案等

第4章 完整性管理体系

4.1 体系的重要性

  管理体系的构成要素包括承诺及方针、组织机构、文件体系、支持技术、质量控制以及管理评审，其中的核心是承诺及方针，即制定管道和站场完整性管理的方针并确保对实现完整性管理目标的承诺。企业管理层对完整性管理体系建立和实施的认可和承诺，是构建完整性管理体系最基本的要求。国内外实践经验证明，领导的决心和承诺，不仅是企业能够推进管道完整性管理的内部动力，也是动员单位各部门和员工积极投身于完整性管理的重要保证，领导的支持与参与程度直接影响管道完整性管理体系的建设和进度。

  对于管道完整性管理体系来说，其发展经历了风险评价、适应性评价、风险管理、风险与完整性管理四个发展历程。目前，世界管道完整性管理技术正逐步朝基于风险评价的完整性管理方向发展。通过大范围的风险分析制定维护策略，使管理者灵活地选择检测工具、检测周期和减缓风险的措施，更好地运用新技术，以便易于识别和减缓一些很重要的风险因素。

  基于管道完整性管理理念以及资产完整性管理理念，构建管道和站场的完整性体系，在该体系建立后，管道和站场的安全管理模式将会发生巨大改变，不仅能将危险消灭在发生之前，改变以往的被动抢修处境，还能降低管道和站场事故的发生概率，减小管道和站场的使用风险，保障人身安全与环境安全，减少财产的损失。因此，管道和站场的完整性体系能够有效地降低管道的建造成本，提高管道的安全运行水平。保证管道和站场运行的安全与质量是管道完整性管理体系的最终目标，以数据的统计和应用为核心，做到对管道和站场的风险防患未然。

管理和决策是保证管道和站场的完整性管理在运行和施工阶段的安全的必要条件，对管道和站场的安全问题及时发现、分析、解决以及对各个阶段进行改良和优化。

而完整性管理体系本身是一个完整的系统，包含了文件体系、标准体系、数据库、管理(软件)平台、支持技术等部分。各企业应根据 SY/T 7664—2022《油气管道站场完整性管理体系 要求》建立、实施、保持和持续改进管道和站场完整性管理体系，通过计划、实施及监督检查、审核评审等全过程的运行控制和闭环管理，确保管道和站场完整性管理体系各要素的有效实施并持续改进。管道和站场完整性管理体系文件由管道手册、程序文件、作业文件等形式组成。

4.2 国内外完整性体系进展

4.2.1 国外完整性体系研究现状

根据美国 1996～1999 年天然气管道事故原因的统计结果，管道由施工和材料缺陷而引起的事故比例逐年升高，这些严重的管道安全事故促使大多数规模较大的管道公司着手将管理的重心放在管道的持续安全稳定性上，提出了制定和开展管道完整性管理计划的规定，并逐渐形成了一套相对较为完善的管道完整性管理体系。

美国油气管道业主已广泛应用风险管理技术与完整性管理技术来指导管道的维护保养工作。在此基础上，加拿大、英国、法国等一些发达国家的政府和议会也广泛参与到管道完整性管理计划当中，编制和出台了与管道完整性管理相关的法律规范和标准法规。政府、管道公司和科学研究机构的通力合作，一起推动了管道完整性管理技术的发展。

其主要的技术管理内容有管道风险管理、地质灾害与风险评估、管道安全运行的状态监测管理(腐蚀探头监测、管道气体泄漏监测、超声探伤监测、气体成分监测、壁厚测量监测、粉尘组分监测、腐蚀性监测等)、管道状况检测管理(智能检测、防腐层检测，土壤腐蚀性检测等)、结构损伤评估管理、土工与结构评估技术管理、缺陷分析和评定技术管理、管道维护技术管理等。

目前，世界各国管道公司均形成了本公司的完整性管理体系，大都采用参考国际标准，如美国机械工程师学会(ASME)、美国石油学会(API)、美国腐蚀工程师协会(NACE)、德国标准化学会(DIN)标准，编制本公司的二级或多级操作规程，细化完整性管理的每个环节，把国际标准作为指导大纲。

4.2.2 国内完整性体系研究现状

随着国际上油气管道完整性管理体系和技术的进展，我们国家也在不断探索和研究完整性管理体系和技术的发展规划。有关管道及研究部门通过不断消化和吸收国外的先进经验和技术，已经在油气管道完整性管理体系和技术方面取得了一定的研究成果。

中石油率先引进管道完整性管理并实施，取得了丰硕成果，形成了"三个一"的完整性技术群，即一套技术体系、一套标准体系、一个系统平台，覆盖管道储运设施的线路、场站、储气库和系统平台等多个领域。线路方面形成了本体安全保障、风险评估与控制、输送介质安全保障、抢维修及应急保障等技术群。站场完整性管理形成了站场工艺设施检测与评估、压缩机组诊断评估、定量风险评估、安全等级评估、设施完整性评价等技术群；储气库完整性管理领域形成了地下储气库风险控制、储气库建库及运行安全技术群。管道完整性系统平台领域形成了基于业务多源数据的管道应急决策 GIS 系统，智能管网初步在中俄东线建成。

在管理上，中石油编制并发布了"一规三则四手册六标准"，建立了较为完备的管理体系和运行机制，形成了运行高效的组织机构，培养了业务能力强的人员队伍，管道失效率大幅下降，促进了安全、环保、效益、质量的协同发展。

其中"一规三则四手册六标准"分别为：

"一规"：《中国石油天然气股份有限公司油气田管道和站场完整性管理规定》，重点阐述了完整性管理的原则、目标、职责和建设期、运行期、停用期完整性管理的内容，并对完整性管理报告和监督检查考核工作提出了要求。

"三则"：《中国石油天然气股份有限公司油田集输管道检测评价及修复技术导则》，按照管道分类分级，重点阐述了油田集输管道检测评价及修复的技术要求，并对高后果区识别、风险评价、适用性评价等内容进行了说明。最后分集油、出油、输气、采气管道给出了使用案例；按照站场分类分级，重点阐述了油气集输站场检测评价及维护的技术要求，并分动设备、静设备和安全仪表系统，

对 RBI、RCM、SIL 等内容进行了说明，最后给出了站场评价案例。

"四手册"：《中国石油天然气股份有限公司油田管道完整性管理手册》《中国石油天然气股份有限公司气田管道完整性管理手册》《中国石油天然气股份有限公司油田站场完整性管理手册》《中国石油天然气股份有限公司气田站场完整性管理手册》，是开展完整性管理工作的执行文件，明确了完整性管理各个要素的实施程序和具体做法。

"六标准"：Q/SY 01039.1 油气集输管道和厂站完整性管理规范 第 1 部分：总则；

Q/SY 01039.2 油气集输管道和厂站完整性管理规范 第 2 部分：管道数据管理；

Q/SY 01039.3 油气集输管道和厂站完整性管理规范 第 3 部分：管道高后果区识别和风险评价；

Q/SY 01039.4 油气集输管道和厂站完整性管理规范 第 4 部分：管道检测与评价；

Q/SY 01039.5 油气集输管道和厂站完整性管理规范 第 5 部分：管道维修维护；

Q/SY 01039.6 油气集输管道和厂站完整性管理规范 第 6 部分：效能评价与审核。

4.3 文件体系

文件体系是指针对完整性管理的计划、实施、评审、人员培训、持续改进等内容，建立的规范性的管理技术文件。文件体系覆盖了企业的具体要求和关键技术，并遵循国家的法律法规与标准。企业应建立公司级管道和站场完整性管理体系，确保所有文件适宜、有效，易获取和传达，梳理油田公司管理机构、二级单位机构及其各自的职能，明确完整性管理目标、原则、工作流程、工作要求、时间节点、职责分工等，建立公司级管道和站场完整性管理体系。

构建管道和站场完整性管理体系需要以体系思维，从整个企业宏观管理着眼，把管道和站场完整性管理体系纳入体系建设之中，充分调动各个管理层级、各专业、多种资源共同参与到完整性管理体系的建设之中，塔里木油田公司依据中石油天然气油气田管道和站场完整性管理要求，以"风险受控、安全运行、提质增效"为核心，根据国家、行业、股份公司相关法律法规和制度标准要求，借鉴国际先进管理理念和最佳实践并结合塔里木油田公司的管理实际情况，构建了指导油气田管道和站场完整性工作实践的管理体系，包含总则文件、程序文件、作业文件以及附录文件。

此管理体系主要侧重于油气田管道和站场设备设施的本质安全、风险管控的动态管理和预防性维护，从保障管道和站场设备设施的安全可靠性来达到健康、安全、环境、质量的管理要求，指导塔里木油田公司的油气田管道和站场完整性管理体系的有效运行。

4.3.1　完整性管理总则文件

总则文件阐述一体化管理体系的方针、目标、原则，并在总体上对管理体系进行了描述，是管理体系总的纲领性文件。塔里木油田公司的完整性管理就在总则文件中阐述了油气田管道和站场完整性管理的体系架构、管理内容和实施要求，明确了管理职责，展示了油气田管道和站场完整性管理愿望。以"继承创新、汲取优势、融合推进"为原则，紧密衔接地面工程业务全过程管理，构建13个完整性管理体系要素，如表4-1所示。

表4-1　油气田管道和站场完整性管理体系要素表

序号	要素名称
1	有感领导
2	方针与目标
3	法规与标准
4	管理策划
5	组织机构
6	评估与培训
7	信息与文件
8	建设期完整性管理
9	管道完整性管理
10	站场完整性管理
11	失效管理
12	效能评价与审核
13	承包商与相关方

同时，为贯彻落实集团公司关于推进企业管理体系融合的工作要求，解决多

体系并存的实际问题，整治形式主义减轻基层负担，提高管理质量和效率，积极推进完整性管理体系与 QHSE 管理、工程建设、生产运行、设备管理、腐蚀防护等领域管理要求融合，在管理体系的承诺、方针、目标和要素表达、管理审核、执行规范方面保持统一，为提升地面工程全生命周期本质安全水平，实现风险受控、确保安全运行、促进提质增效和建设一流油田公司奠定坚实的基础。

4.3.2　完整性管理程序文件

程序是为完成某项活动所规定的方法，描述程序的文件称为程序文件，程序文件存储的是程序，包括源程序和可执行程序，是对总则文件中所描述过程的细化和展开，在整个一体化管理体系中起到承上启下的作用，描述了管理体系所需的相互关联的过程和互动，是对管理控制各环节和各因素做出具体规定的文件，并对各项活动的方法和评定的准则进行了规定，以期达到实现预期控制结果，同时用来描述管理活动有关人员的责任：包括权限、职责和相互的关联关系等，是执行、验证和评审主体活动的重要依据。

塔里木油田公司基于国家法规标准更新、科研成果对完整性管理认识的提升，依据国家、行业法规标准及《中国石油天然气股份有限公司气田管道完整性管理手册》《中国石油天然气股份有限公司油田管道完整性管理手册》等相关要求，结合油气田管道和站场完整性管理总则文件，编制油气田管道和站场完整性管理程序文件，共 14 个，文件清单如表 4-2 所示，用以规范油气田管道和站场完整性管理行为，将识别出的油气田管道和站场完整性管理关键活动，以文件的方式明确"做什么，谁来做，什么时候做，怎么做"等内容。

表 4-2　油气田管道和站场完整性管理程序文件清单

序号	程序文件名称
1	XXX-PSIM-CX-01 完整性管理方案制定程序
2	XXX-PSIM-CX-02 建设期完整性管理程序
3	XXX-PSIM-CX-03 完整性数据采集与管理程序
4	XXX-PSIM-CX-04 管道高后果区识别和风险评价程序
5	XXX-PSIM-CX-05 管道检测评价程序
6	XXX-PSIM-CX-06 管道维修维护程序

序号	程序文件名称
7	XXX - PSIM - CX - 07 失效管理程序
8	XXX - PSIM - CX - 08 站场风险评价程序
9	XXX - PSIM - CX - 09 站场检验检测程序
10	XXX - PSIM - CX - 10 站场维修与维护程序
11	XXX - PSIM - CX - 11 效能评价程序
12	XXX - PSIM - CX - 12 完整性管理审核程序
13	XXX - PSIM - CX - 13 停用期完整性管理程序
14	XXX - PSIM - CX - 14 城镇燃气管网完整性管理程序

4.3.3　完整性管理作业文件

作业文件是管理体系文件的组成部分，是管理手册、程序文件的支持性文件，也是对管理手册和程序文件的进一步细化与补充。作业文件主要用于阐明过程或活动的具体要求和方法，可以说作业文件也是一种程序，比程序文件规定的程序更详细、更具体、更单一，而且更便于操作。简言之，作业文件是用来指导员工为某一具体过程或某项具体活动如何进行作业的文件。作业文件通常应表达出工作的目的、范围及目标，应该按照操作的秩序或顺序，正确地反映要求和相关活动，尽量避免（减少）混淆和不确定度。作业文件可引用管理手册、程序文件和本单位的工作标准，如设计规范、试验规范和工艺规范等适用的内容，其内容一般包括但不限于下列要求：①作业所需的资源条件及工作环境；②作业应达到的标准，如质量标准及工作质量检查标准等；③作业的具体步骤与方法；④作业应注意事项及管理要求；⑤作业中的安全提示等。

塔里木油田公司制定的作业文件是保证油气田管道和站场完整性管理活动有效实施的技术指导文件，为完成油气田管道和站场完整性管理工作提供具体操作指南，将识别出的油气田管道和站场完整性管理关键活动，以文件方式明确"做什么，什么时候做，怎么做，做到什么程度"等内容，共计57个作业文件，文件清单如表4-3所示。

表4-3　油气田管道和站场完整性管理作业文件清单

序号	作业文件名称
1	XXX-PSIM-ZY-0101 管道完整性管理"一线一案"编制作业规程
2	XXX-PSIM-ZY-0102 管道和站场完整性管理"一区一案"编制作业规程
3	XXX-PSIM-ZY-0103 站场完整性管理"一站一案"编制作业规程
4	XXX-PSIM-ZY-0104 管道和站场完整性管理区域防腐方案编制作业规程
5	XXX-PSIM-ZY-0201 管道建设期完整性管理设计专章编制作业规程
6	XXX-PSIM-ZY-0202 管道建设期完整性管理施工阶段专项方案编制作业规程
7	XXX-PSIM-ZY-0203 管道建设期完整性管理施工阶段专项验收作业规程
8	XXX-PSIM-ZY-0204 管道建设期数据采集作业规程
9	XXX-PSIM-ZY-0205 管道建设期基线检测作业规程
10	XXX-PSIM-ZY-0206 站场建设期数据采集作业规程
11	XXX-PSIM-ZY-0301 管道运行期数据采集作业规程
12	XXX-PSIM-ZY-0302 管道测绘作业规程
13	XXX-PSIM-ZY-0303 站场运行期数据采集作业规程
14	XXX-PSIM-ZY-0401 管道高后果区常规识别作业规程
15	XXX-PSIM-ZY-0402 高含硫管道高后果区识别作业规程
16	XXX-PSIM-ZY-0403 管道定性风险评价作业规程
17	XXX-PSIM-ZY-0404 管道半定量风险评价作业规程
18	XXX-PSIM-ZY-0405 管道定量风险评价作业规程
19	XXX-PSIM-ZY-0406 管道地质灾害敏感点识别与风险评价
20	XXX-PSIM-ZY-0407 管道风险控制与响应作业规程
21	XXX-PSIM-ZY-0501 管道内检测作业规程
22	XXX-PSIM-ZY-0502 管道外腐蚀直接评价作业规程
23	XXX-PSIM-ZY-0503 干气管道内腐蚀直接评价作业规程
24	XXX-PSIM-ZY-0504 湿气管道内腐蚀直接评价作业规程
25	XXX-PSIM-ZY-0505 净化油管道内腐蚀直接评价作业规程
26	XXX-PSIM-ZY-0506 油田集输管道内腐蚀直接评价作业规程
27	XXX-PSIM-ZY-0507 管道穿跨越专项检测作业规程
28	XXX-PSIM-ZY-0508 管道阴极保护系统有效性检测作业规程
29	XXX-PSIM-ZY-0509 管道杂散电流测试作业规程
30	XXX-PSIM-ZY-0510 管道防腐层检测作业规程
31	XXX-PSIM-ZY-0511 管道适用性评价作业规程
32	XXX-PSIM-ZY-0601 管道线路巡检作业规程

序号	作业文件名称
33	XXX - PSIM - ZY - 0602 管道线路日常维护作业规程
34	XXX - PSIM - ZY - 0603 管道防腐层缺陷修复作业规程
35	XXX - PSIM - ZY - 0604 管道本体缺陷修复作业规程
36	XXX - PSIM - ZY - 0605 管道内腐蚀防护作业规程
37	XXX - PSIM - ZY - 0606 管道腐蚀监测作业规程
38	XXX - PSIM - ZY - 0607 复合材料修复作业规程
39	XXX - PSIM - ZY - 0608 管道清管作业规程
40	XXX - PSIM - ZY - 0609 管道地质灾害治理作业规程
41	XXX - PSIM - ZY - 0701 管道失效数据采集作业规程
42	XXX - PSIM - ZY - 0702 管道失效数据分析作业规程
43	XXX - PSIM - ZY - 0703 站场失效数据采集作业规程
44	XXX - PSIM - ZY - 0704 站场失效数据分析作业规程
45	XXX - PSIM - ZY - 0801 站场静设备腐蚀管理作业规程
46	XXX - PSIM - ZY - 0802 站场静设备 RBI 评价作业规程
47	XXX - PSIM - ZY - 0803 站场动设备 RCM 评价作业规程
48	XXX - PSIM - ZY - 0804 站场安全仪表系统 SIL 评价作业规程
49	XXX - PSIM - ZY - 0805 站场工艺危险与可操作性分析(HAZOP)作业规程
50	XXX - PSIM - ZY - 0901 静设备检验与检测作业规程
51	XXX - PSIM - ZY - 0902 动设备运行状态监测作业规程
52	XXX - PSIM - ZY - 0903 站场静设备腐蚀监测作业规程
53	XXX - PSIM - ZY - 1001 静设备维修维护作业规程
54	XXX - PSIM - ZY - 1002 动设备日常维护与保养作业规程
55	XXX - PSIM - ZY - 1003 站场防泄漏作业规程
56	XXX - PSIM - ZY - 1101 管道完整性管理效能评价作业规程
57	XXX - PSIM - ZY - 1102 站场完整性管理效能评价作业规程

4.3.4 完整性管理附录文件

附录文件是确保油气田管道和站场完整性管理规范实施的执行依据,从法律法规、标准规范、管理制度、手册指南和工作清单五个方面,梳理管道和站场完整性管理体系支撑性文件,形成油气田管道和站场完整性管理法律法规清单、油气田管道和站场五大技术体系标准规范清单、油气田管道和站场完整性管理标准

规范清单、油气田管道和站场完整性管理制度清单、油气田管道和站场完整性管理手册指南清单、油气田管道和站场完整性管理工作清单。

4.4 技术体系

技术体系是指社会中各种技术之间相互作用、相互联系，按一定目的、一定结构方式组成的技术整体，技术体系是科技生产力的一种具体形式。完整性管理有别于传统管理方式，涉及的新技术、新方法较多，需要开展大量的技术攻关。并在完整性管理推进中，要逐步通过实践掌握管道的风险分析、管道检测评价和站场设备设施的完整性评价等技术方法，建立完整性管理技术体系。完整性管理技术是完整性管理实施的核心工作，可以提升管道完整性管理力度。

塔里木油田公司就管道和站场完整性管理中存在的技术问题，开展了管道和站场完整性管理的试点研究，形成了集输管道高后果区识别、半定量风险评价、检测评价、站场风险评价等一系列配套技术，在此基础上构建了涵盖建设期、运行期和停运期的油气田管道和站场全生命周期完整性技术体系，并探索与公司综合管理体系的融合方法，实现了完美融合及体系的轻量化，减少了体系的冗余，保障了完整性管理工作的全面推广。结合油气田管道和站场完整性管理技术的特征：

（1）应用计算机技术实现设备的信息化管理；

（2）确定重点管理对象；

（3）实现基于风险的设备管理；

（4）管理的系统化，包含体系、平台以及相关技术的支持；

（5）与油气站场的生产运行和维护过程紧密结合；

（6）持续改进，循环更新。

基于完整性管理立足于精准识别与管控，侧重技术研究的考虑，经分析发现数智化技术、安全分析与评价技术、检测与监测技术、维修维护技术、腐蚀防护技术等五大技术系列适合于塔里木油田公司完整性管理工作的落实，现梳理并收集"国外、国家、行业、股份公司、油田公司"五个层级的法律法规、标准规范和规章制度，如图4-1所示，为完整性管理技术标准管理的体系化、规范化奠定基础，为完整性管理精准化管控提供了技术支撑，实现了完整性技术应用系统化。

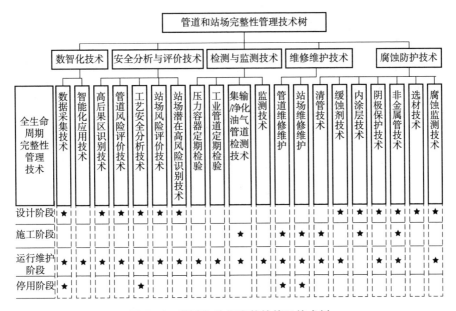

图 4-1　管道和站场完整性管理技术树

4.4.1　数智化技术

"数智化"一词最早见于 2015 年北京大学"知本财团"课题组提出的思索引擎课题报告，是对"数字智商"（Digital Intelligence Quotient）的阐释，最初的定义是：数字智慧化与智慧数字化的合成。数智化技术包括建设期数据采集技术、智能化应用技术等两大技术类别，为完整性管理工作中产生的动态数据、静态数据、综合数据的规范化和数字化管理提供支撑。

数据采集技术包含管道中性线测量技术、管道路由调查技术、内检测技术、外腐蚀监测技术、自动化数据采集技术（FSM）、无人机数据采集技术、环境监测技术。数据采集应贯彻"简约、实用"的原则，宜只采集后续流程必需的数据，减少冗余，并应确保数据真实、准确、完整。

智能化应用技术包含无人机智能巡护监测技术、高清视屏智能监测技术、高后果区智能识别与管控技术、智能风险评价技术、数字孪生体、集输管道缺陷评价技术、智能效能评价技术、数据质控技术、缓蚀剂效果预测技术、GIS 管道智能人工巡检技术、基于光谱成像泄漏监测预警技术、激光云台泄漏监测技术、失效智能识别技术、集输管道综合智能化泄漏检测预警技术、管道可视化技术。

4.4.2　安全分析与评价

安全分析是指任何时候产品或系统都要考虑安全问题，要通过分析发现潜在的危害或发生人为差错的可能性。安全评价是综合运用安全系统工程的方法，对系统的安全性进行度量和预测，通过对系统存在的危险性或不安全因素进行辨识定性和定量分析，确认系统发生危险的可能性及其严重程度，对该系统的安全性给予正确的评价，并相应地提出消除不安全因素和危险的具体对策措施。通过全面系统，有目的、有计划地实施这些措施，达到安全管理标准化、规范化，以提高安全生产水平，超前控制事故的发生。

安全分析与评价技术包含管道高后果区识别、站场潜在高风险部位识别、工艺安全分析、管道风险评价、站场风险评价五大技术类别。站场风险评价技术包括对仪表系统开展 SIL，对设备设施开展 RBI/RCM，工艺装置开展危险与可操作性分析（HAZOP）/保护层分析（LOPA），对站场开展定量风险评价（QRA）。管道风险评价技术包括工艺适应性评价、定量风险评价、半定量风险评价、定性风险评价。工艺安全分析（PHA）包括装置定级评估技术、事故树分析（ETA）、故障树分析（FTA）、What If、FMECA、安全检查表（Checklist）、HAZOP。管道高后果区识别技术包含高后果区识别、高含硫高后果区识别、常规高后果区识别。

4.4.3　检测与监测技术

检测技术就是利用各种物理化学效应，选择合适的方法和装置，将生产、科研、生活中的有关信息通过检查与测量的方法赋予定性或定量结果的过程，是将自动化、电子、计算机、控制工程、信息处理、机械等多种学科、多种技术融为一体并综合运用的复合技术，应用于交通、电力、冶金、化工、建材等各领域自动化装备及生产自动化过程。监测技术包括采样技术、测试技术和数据处理技术。"监测"一词的含义可以理解为监视、测定、监控等，如空气监测、水质监测等。

塔里木油田公司梳理的检测与监测技术包含集输、净化油气管道检测，监测，压力容器定期检验，工业管道定期检验四大技术类别。针对不同工况，采用适宜的技术，为管道和站场风险的精准管控、隐患的精准排查提供决策依据。集输、净化油气管道检测技术包括内检测、直接评价、压力试验、适用性评价、专项检测。

监测技术包括腐蚀监测、高后果区预警监测、管道泄漏监测、压缩机在线状态监测。压力容器定期检验包括外观结构检查、几何尺寸、壁厚检测、容器焊缝无损检测、光谱分析、金相分析。工业管道定期检验包括管道壁厚检测技术、管体腐蚀检测技术、焊缝无损检测技术、金相和硬度检测技术。

4.4.4 维修维护技术

维修是为保持或恢复产品处于完成要求功能的状态而进行的所有技术和管理活动的组合。设备维修是指设备技术状态劣化或发生故障后，为恢复其功能而进行的技术活动，包括各类计划修理和计划外的故障修理及事故修理。设备维修主要包括设备维护保养、设备检查和设备修理。

塔里木油田公司维修维护技术按照站场和管道分为两大类别。根据其生产需求和检测评价结论，针对性地选用相应技术对管道和站场进行维修维护，实现管道和设备安稳长满优地运行。站场维修维护包括基于检测的维修、仪表系统维修、静设备维修、动设备维修。管道维修维护包括应急抢险技术、地质灾害的监测与防治技术、防腐层维修技术、管道本体维修技术、其他抢维修技术。

4.4.5 腐蚀防护技术

腐蚀是指包括金属材料和非金属材料在周围介质如水、空气、酸、碱、盐、溶剂等的作用下产生损耗与破坏的过程。金属材料和非金属材料的腐蚀因素有很多，为了降低管道和站场的失效率，塔里木油田公司总结多年的防腐工作经验，构建七大防腐技术体系框架，形成 45 项关键技术，从设计、施工、运行、维护等环节，根据腐蚀机理、内外部环境、各种措施的防腐效果、施工难易以及经济效益综合考虑，采用针对性的防腐措施，为提升管道和设备的本质安全水平提供保障，有效控制了地面系统腐蚀风险。其腐蚀防护技术主要包含清管、缓蚀剂、涂层技术、阴极保护、非金属应用等类别。

4.5 完整性管理体系推动机制

塔里木油田公司为保障管道和站场完整性管理体系有效运转，设立目标引领、计划控制、例会督察、审核评估、隐患治理、培训辅导、检查考核、成果共享 8 个工作机制，如图 4-2 所示，确保管道和站场完整性管理工作执行到位。

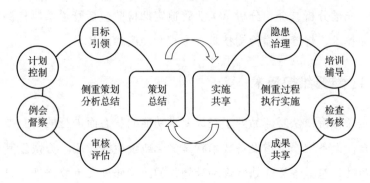

图 4-2   完整性管理工作机制

4.5.1　目标引领

目标管理理论是通过为管理者设定预期目标，通过既定目标展开工作并对各层管理人员逐级分解，通过各层级权力及职责分解使各层级管理人员和工作人员获得充分的自主权和参与权，利用自我控制管理防治代替传统的强制性管理。坚持目标引领，就是坚持对美好未来的憧憬，就是将宏伟目标与自身实际相结合，找到实现目标的合理路径，并厘清每一个时间节点必须完成的任务，然后在目标指引下，一步一个脚印向前推进。塔里木油田公司基于此理论，按照油气与新能源分公司管道和站场完整性管理目标要求，制定塔里木油田公司管道和站场完整性管理总体目标和管道、站场完整性管理分项控制目标。各油气生产单位根据总体目标和分项目标，制定相应的具体工作目标。定期对目标进行对标检查，分析差距，查找不足。

4.5.2　计划控制

计划是管理的第一职能，是管理者为实现计划目标而进行的筹划活动。计划工作是根据外部环境分析和内部组织分析，提出在未来一段时期内要实现组织的目标以及实现目标的途径和方案。计划是其他管理活动的前提和基础，并且还渗透到其他管理职能中。计划不仅是组织指挥、协调的前提和准则，而且还与控制活动紧密相连。计划还为各种复杂的管理活动提供了数据、尺度和标准，不仅为控制提供了方向，而且还为控制活动提供了依据。

塔里木油田公司根据业务发展需要编制管道和站场完整性管理中长期完整性规划，包括规划方案、年度工作方案、完整性管理方案和区域防腐方案，其中规划方案为纲领性文件，一般五年编制一次，年度工作方案、完整性管理方案和区域防腐方案依据规划分别明确详细的工作计划、完整性管理重点和防腐工作重点。油田公司和各油气生产单位均应编制年度工作方案和实施计划。油田公司和油气生产单位应根据区域特点共同编制区域防腐方案。油气生产单位编制"一线一案""一区一案""一站一案"。油田公司油气田管道和站场完整性管理方案构架详见图4-3。

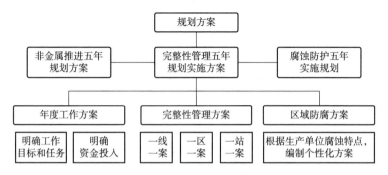

图4-3　油田公司油气田管道和站场完整性管理方案构架

4.5.3　例会督察

督察是工作中不可缺少的一个重要环节，是抓决策落实、促工作成效的重要手段。从一定意义上来说，没有督察就没有落实，没有督察就没有深化。对于督察来说，"落实"二字意义深重，它既点明了督察的工作内容，即督导相关工作的贯彻落实情况，也蕴含着对督察工作的内在要求，即督察工作必须督深查透、务求实效。督察的最终目的是解决问题、提升实效，通过开展例会，定期总结梳理各类工作内容，在每一个问题的情况说明中，都有明确的责任主体、需要整改的事项。

油田公司通过定期组织召开完整性工作例会、跟踪年度工作计划和上次例会工作安排确保完整性管理各项工作按目标、按计划、按要求落实，并分阶段公示各单位考核排名结果，油气生产单位定期召开工作例会，切实解决完整性管理工作中存在的问题，督促落实各项完整性管理工作。

4.5.4　审核评估

审核评估是依据"严格、公正、客观、全面、及时、有效、依法、独立"16字方针，严格按照相关法律法规和规章制度进行，不违反法律法规和伦理道德，不偏袒、不纵容，严格要求被审核评估对象的合法性、合规性和合理性，不受任何利益干扰，对所有被审核评估对象一视同仁，依据客观事实和数据进行评估，不遗漏任何一个细节，对发现的问题，及时提出改进意见和建议，及时跟踪评估结果的执行情况，有效地促进被审核评估对象的改进和提高。

油田公司制定管道和站场完整性管理审核清单，每年组织开展一次现场完整性管理审核评估，验证完整性体系运行管理的符合性和有效性，督促直线部门、直线领导严格履职。油田公司及各油气生产单位每年对完整性管理工作效果进行评价。根据审核和评价的情况进行专项分析，针对短板制定提升改进措施。

4.5.5　隐患治理

隐患治理就是指消除或控制隐患的活动或过程。对排查出的事故隐患，应当按照事故隐患的等级进行登记，建立事故隐患信息档案，并按照职责分工实施监控治理。对于一般事故隐患，由于其危害和整改难度较小，发现后应当由生产经营单位(部门、班组等)负责人或者有关人员立即组织整改。对于重大事故隐患，由公司主要负责人组织制定并实施事故隐患治理方案。

油田公司及各油气生产单位应按规定开展压力管道全面检验和集输管道完整性检测评价，针对检测评价结果制定缺陷修复计划和方案，实施动态管理。油田公司及各油气生产单位应按规定持续推进站场 RBI、RCM、SIL 等完整性评价工作，对发现缺陷开展精准维修维护，保障站场安全运行。油田公司及各油气生产单位应逐级建立隐患台账，按计划完成隐患治理，实现隐患的闭环管理。

4.5.6　培训辅导

开展完整性管理培训辅导的目的就是进一步提高国内管道和站场完整性管理行业的管理水平，与国际管道和站场先进的技术与管理接轨。为促进管道和站场完整性管理工作开展，保证工作质量，应组织开展培训工作。油田公司及各油气生产单位定期组织开展完整性培训和现场辅导，培养完整性管理人员，提升人员完整性管理能力。培训辅导应根据各单位管理实际，侧重于完整性管理技术的现场实际操作，以提升基层人员完整性管理操作技能。其中完整性管理培训分基础培训和高级培训。

(1)完整性管理基础培训主要针对基层从业人员。培训要求如下：

①掌握完整性管理基本知识，含发展历程、核心理念和主要做法等；

②掌握完整性管理相关法规和标准规范；

③掌握完整性管理主要数据类型和采集方法；

④掌握完整性管理分类分级方法，能独立进行高后果区识别和风险评价；

⑤掌握检测、评价、修复、效能评价基本知识；

⑥能在操作权限内独立使用完整性管理系统平台。

(2)完整性管理高级培训主要面向完整性管理相关高级管理人员、技术研发人员和标准规定主要制定人。培训要求如下：

①掌握完整性管理前沿技术和发展趋势；

②掌握完整性管理工作流程全过程主要工作；

③能对专业服务公司提出技术要求并验收；

④能作为讲师开展完整性管理基础培训。

4.5.7 检查考核

检查与考核都是建立在健全的战略绩效管理模式的基础上，如果战略绩效管理模式缺损，再严厉的检查与考核也会失去意义。而强有力的检查与考核，是推进企业执行力的锐利武器。同时，检查又是考核的基础，为考核提供了信息和数据，为考核的公平和公正提供事实依据。

为掌握油气田公司完整性管理的真实水平，发现薄弱环节，应定期对油气田公司完整性管理工作进行监督检查。油气田公司每年对厂(处)完整性管理工作进行监督、检查与考核，定期组织开展现场检查和不定期的专项督察确保完整性管理各项工作按计划、按要求落实。油田公司及各油气生产单位应将完整性管理工作纳入考核体系，每年开展一次管道和站场完整性管理目标和计划完成情况的考核，公布考核结果。监督、检查与考核内容包括组织机构建设、工作计划、工作目标、项目管理、风险管理、数据管理、变更管理、效能评价、培训管理、失效

管理等。完整性管理工作宜定期组织开展评比活动,评选完整性管理先进单位和先进个人。

4.5.8 成果共享

成果共享机制是为了促进社会资源的均衡分配和技术的快速推进,解决创新成果的独占问题,最终为社会经济发展提供技术支撑和经济支撑。它的实施,有助于促进技术的市场化,加快技术的更新换代,拓宽技术的应用领域,充分发挥技术的活力,促进技术的传播,激励科技发展,从而实现社会经济可持续发展。

油田公司通过建立成果沟通分享机制,明确成果分享和沟通渠道,促进完整性成果的分享和有效应用。油田公司应通过多渠道宣传手段,让员工了解获取成果的渠道,实现完整性管理技术成果的共享共用同进步。

4.6 完整性管理体系与双重预防机制的关系

4.6.1 双重预防机制内容

"双重预防机制"最初出现于 2016 年国务院安委办发布的《国务院安委会办公室关于印发标本兼治遏制重特大事故工作指南的通知》《国务院安委会办公室关于实施遏制重特大事故工作指南构建双重预防机制的意见》等文件,这些文件明确指出双重预防机制就是"安全风险分级管控"和"隐患排查治理"。构建双重预防机制针对当前安全生产领域暴露出的"认不清、想不到"这一突出问题,强调安全关口前移,从隐患排查治理前移到安全风险管控,强化风险意识,分析事故发生的全链条,抓住关键环节采取预防措施,防范安全风险管控不到位变成事故隐患、隐患未及时被发现和治理演变成事故等状况的出现。

把风险管控好,不让风险管控措施出现隐患,这是第一重"预防";对风险管控措施出现的隐患及时发现及时治理,预防事故的发生,这就是第二重"预防"。它包括三个过程,同时这三个过程也是双重预防机制的三个具体目的。

(1)第一个过程即第一个目的——"辨识",辨识风险点有哪些危险物质和能量(这是导致事故的根源),辨识这些根源在什么情况可能会导致什么事故;

（2）第二个过程即第二个目的——"评价分级"，利用风险评价准则，评价风险点导致各类事故的可能性与严重程度，对风险进行评价分级；

（3）第三个过程即第三个目的是——"管控"，即对风险的管控，把风险管控在可接受的范围内。

2021 年 6 月 10 日，第十三届全国人民代表大会常务委员会第二十九次会议通过了《关于修改〈中华人民共和国安全生产法〉的决定》，双重预防机制被正式写入了修改后的《中华人民共和国安全生产法》。

4.6.2　完整性管理体系与双重预防机制的对比

双重预防机制是一个闭环管理、持续改进的系统，通过隐患治理、隐患评估、隐患排查、管控措施、风险评价、危害识别，每个具体任务和每项工作既相互独立明确分工，又互相联系整体效能，都是通过一个完整的 PDCA 循环，来达到整体效能最大化的共同目标。

完整性管理通过安全分析与评价技术、数智化技术、检测与监测技术、维修维护技术、腐蚀防护技术的应用，以及建设期"五专"、运行期"六步"、信息平台、应用工具、文件管理、工作机制等管理策略，保障管道和站场的本质安全。

通过完整性管理的管理策略和技术应用与双重预防机制等内容相融合，解决隐患的精准排查与治理和风险的精准评价与管控，如图 4-4 所示。

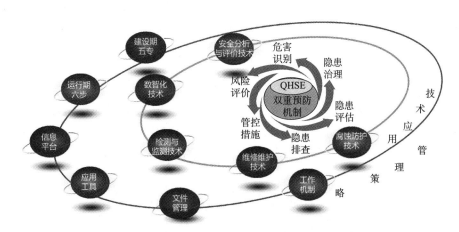

图 4-4　完整性管理体系与双重预防机制关联图

4.7 完整性管理体系与 QHSE 体系的关系

目前，国内外各大石油石化企业对 QHSE 管理体系和完整性管理体系的应用非常普遍，在国家大力推行两体系的前提下，结合当前环境和条件，以 QHSE 管理体系为基础和载体，充分吸取 QHSE 管理体系建立、运行工作成果和经验，将完整性管理体系和 QHSE 管理体系进行有机整合，从而创建一体的、高效的、可行的新管理体系。

4.7.1 QHSE 管理体系内容

QHSE 管理体系是在 ISO 9001 标准、ISO 14001 标准、GB/T 45001 标准和 SY/T 6276《石油天然气工业 健康、安全与环境管理体系》的基础上，根据共性兼容、个性互补的原则，将质量（Quality）、健康（Health）、安全（Safety）和环境（Environment）方面指挥和控制组织整合而成的管理体系。在实施过程中是以预防为前提考虑的，并在实践中不断地进行改进及持续性的完善，是一种适合现代化生产和运营企业不断地改进和持续完善安全运营管理的体系系统。

QHSE 管理体系建设本着"以我为主，兼收并蓄"的原则，借鉴先进的 HSE 管理理念和方法，结合生产实际，对现行的 HSE 管理体系进行补充和完善。QHSE 管理体系的目标是满足客户的产品或服务需要，同时保障企业员工在安全、环保、健康的条件下作业，具有良好的整体性、明显的层次性、恒定的持久性和很好的适用性 4 个有机特性。通过系统性的规划，将各个不同的管理要素进行有机融合，删繁就简，系统构建，设定合理的管理方针和目标，建立与之相适应的组织架构，分配相应的职责和权限，在工作过程中相互响应、相互联动，形成一套全方位、立体化、全流程、全员充分参与的良好管理体系。

4.7.2 完整性管理体系与 QHSE 管理体系的对比

油田公司油气田管道和站场完整性管理体系由 13 个关键要素组成，每个要素都有具体的文化内涵和管理内容，相互作用、相互促进。油气田管道和站场完整性体系管理要素与 QHSE 管理体系要素之间的关联如图 4-5 所示。以"继承创新、汲取优势、融合推进"为原则，融合设备管理、腐蚀防护、生产运行、工程建设的管理要求，构建形成塔里木油田特色完整性管理要素13个，与QHSE管理体系的24个要素要求相对应，基本实现四同时(同时部署、同时推进、同时运行和同时考评)。

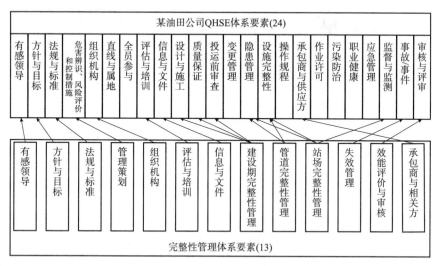

图4-5　完整性管理体系与QHSE管理体系要素关联图

基层单位是HSE体系建设的执行主体；基层单位应强力执行HSE管理制度，并融入日常生产管理；基层领导应切实做到有感领导，促进全员参与，通过不断提高员工HSE意识，纠正不安全行为，从而有效控制过程风险，预防事故发生。

第 5 章　完整性管理平台建设

5.1　完整性管理平台建设的重要性

油气田数智化转型是国家战略和企业共识，推动数字经济与实体经济深度融合是国家的重要战略选择。数字化转型催生企业发展新业态新模式，已成为全球产业变革和企业结构调整的核心要素。2019 年以来，党和国家高度重视数字化转型工作，习近平总书记在多个重要场合对数字经济、智能制造、工业互联网和网络安全等工作提出了新要求。要求发挥数据的资源作用和创新引擎作用，加快形成以创新为主要引领和支撑的数字经济推动实体经济和数字经济融合发展。

2020 年 8 月，国务院国资委办公厅发布《关于加快推进国有企业数字化转型工作的通知》，引导国有企业改造提升传统动能、培育发展新动能。打造能源类企业数字化转型示范，加快建设推广智能电网、智能油田、智能矿山等智能现场。石油是经济社会发展的基础，石油开采、长输、储运和炼化等各个环节伴随大量数据产生，具有设备设施分布广泛、应用场景复杂多变等特性，因此石油企业是人工智能、大数据、区块链、云计算、网络安全等新兴数字产业落地生根的试验田。

2021 年 3 月，《"十四五"规划和 2035 年远景目标纲要》提出，打造数字经济新优势，充分发挥海量数据和丰富应用场景优势，促进数字技术与实体经济深度融合，赋能传统产业转型升级，催生新产业新业态新模式，壮大经济发展引擎。

伴随大数据、云计算、人工智能等现代信息技术持续迭代，得益于数智化完整性管理平台的大规模应用，油气田管网系统和站场系统不再是孤立的个体，以"泛在感知、万物互联、即时高效、依托数据"为特点的数智化生态正在形成。数字智能技术是油气管道和站场系统的神经中枢，使油气系统具有全面感知、智能决策、实时控制的能力。

管道和站场完整性数智化管理指对利用大数据、人工智能等手段对管道和站场设备面临的风险因素不断进行识别，持续性消除识别到的不利因素，采取风险消减措施，将风险控制在合理、可接受范围内，最终实现安全、可靠、经济的运行管道和站场设备的过程。加快完整性数智化管理平台建设和完善对保障油气管道和站场设备设施的本质安全、实现油田生产风险动态管理目标和制定合理的预防性维护计划都有极大意义。其重要性体现在以下几个方面：

（1）提高生产效率

管道和站场数智化平台的建设可以帮助油田实现全面信息化和自动化，从而提高生产效率和管理水平。通过采集、分析、运用全面准确的数据，实现开采、储运、长输和炼化等各个环节的对接和协调。有效解决人力资源短缺和物力耗费过大等问题，提高油气生产率和生产质量，降低人力物力成本和安全事故风险。

（2）加强风险控制

管道和站场数智化平台可通过数据采集、整合和分析，防范生产营运风险，降低因人员能力不足产生误判的可能性。平台可追踪和监控各环节的生产参数，提高对管道和站场运行的实时监测能力、提前预警能力和即时处理能力，确保生产状况的迅速响应和处置。

（3）优化资源利用

管道和站场数智化平台可通过强化数据分析和定制化的管理模式，实现设备配件和资源的精确量化、准确预测和优化调配。可有效减少非计划性需求和实际需求与资源供应之间的时间延迟，避免资源浪费和闲置。

（4）防止环境污染

管道和站场数智化平台以生产数据为基础，通过智能算法，对生产、储存、集输等流程进行优化，提高安全管理和环境监测的能力，有效地减少事故和污染的风险，更好地保护企业和社会公共利益。

5.2　完整性管理平台的功能架构

完整性管理工作的根本目的是提高设备设施生命周期中的可靠性、安全性、环保性及经济性，符合国家法律法规在质量、健康、安全、环保方面的相关规定和要求。

石油天然气的管道运输是我国五大运输产业之一，对国民经济发展起着重要作用，被誉为国民经济的动脉。随着经济发展，国家对长输管道的依赖性逐步提高，管道对经济、环境和设备稳定的敏感度也越来越高，油气管道安全问题已成为社会公众、政府和企业单位关注的焦点，政府对管道的监管力度也逐渐加大。

各国能源企业都在探索管道安全管理的模式，最终得出一致结论：管道完整性管理是最好的方式。多年来，管道完整性评价与完整性管理已逐步成为各大能源企业普遍采取的一项重要管理内容。从标准制定方面来看，历年来 OHSAS 18001—2007《职业健康安全管理体系要求》、ISO 14001—2015《环境管理体系要求及使用指南》和 ISO 45001—2018《职业健康安全管理体系要求及使用指南》等国际标准对设备可靠性等内容提出了相关要求；我国也陆续制定推出了完整性管理的相关国家和行业标准，如 GB 32167—2015《输送管道完整性管理规范》和 GB/T 42077—2022《地上石油储（备）库完整性管理规范》等。

根据国家"促进数字化经济和实体经济融合发展"的战略规划，为科学推进油气田管道和站场完整性管理工作，保证设备设施的本质安全，助力上游业务提质、降本、增效发展，提高油气田管道和站场管理水平的目标，塔里木油田公司依据《中国石油天然气股份有限公司油气田管道和站场完整性管理规定》和《中国石油天然气股份有限公司油田集输管道检测评价及修复技术导则》等文件要求，借鉴国内外先进能源企业在设备设施完整性管理方面的实践经验，逐步建立起一体化风险管控平台（下称完整性管理数智化平台）。

塔里木油田公司通过对管道和站场全生命周期的海量数据以及物联网自动采集的检测数据建立数据库、开发基于多源数据融合的风险预警及评价模型、对管道和站场开展风险评价和完整性评价并提出针对性管控措施等工作逐步实施，形成了以全生命周期生产数据为基石的完整性管理数智化平台。其中，完整性数据处于核心地位，是作为实现完整性管理预知、预判、预警、预修"四预"的基础，是保证油气管网和站场安全平稳运行，实现实时监测、即时反馈控制的重要手段。

完整性管理数智化平台建设和推进油田数字化关系紧密，从数据提取、数据储存、静态和动态数据扩展、工艺数据集成及保存等方面入手，达到让数据说话、听数据指挥、减少人为误判可能性的目的。塔里木油田公司目前已建立的完整性管理平台功能架构如图 5-1 所示。

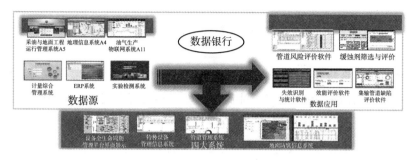

图 5-1　完整性管理平台功能架构

5.3　完整性管理应用工具

为进一步提升系统功能治理能力，满足管道和站场完整性数据集成化、业务软件化和工作便捷化要求，塔里木油田公司针对性地开发了一系列完整性管理应用工具。在以数据为核心的完整性管理数智化平台框架下，应用工具在完整性管理工作方面的优势依旧是建立在以数据为基础上的。

5.3.1　建立完整性管理应用工具

基于数据的完整性管理应用工具有利于清晰描述管道和站场设备的完整性状态、优化常规工作流程、统筹油田现场作业和调整周期性作业规划。目前，塔里木油田公司在常态化工作在线管理、平台嵌入工作模板、完整性工作过程透明、共享各类资源等方面已完成开发失效识别与统计、集输管道缺陷评价和管道风险评价等 9 个应用工具，正在开发工艺适应性评价、数据质控软件和数据对齐等 5 个应用工具，如图 5-2 所示。

图 5-2　完整性管理应用工具

5.3.2 应用工具的数据管理要求

应用工具的数据管理工作参照执行 GB 32167—2015《输送管道完整性管理规范》和 GB/T 42097—2022《地上石油储(备)库完整性管理规范》对数据管理的相关要求,以期最大化发挥管理应用工具在高效生产和安全风险防控中的作用。

根据国家标准对数据收集与整合的要求,油田公司以"依托实际、符合标准"的原则建立了应用工具的数据管理要求。数据管理工具设计也应符合现行法规和 ISO 14224—2016《石油、石化和天然气工业设备可靠性和维修数据的采集与交换》要求。

5.3.2.1 总体要求和原则

(1)管道和站场设备完整性管理应贯穿整个生命周期,包括规划、可行性研究、设计、施工、验收、投产、运行和报废等各阶段,并应符合法律法规要求,检验检测要求应满足特种设备相关法律法规规定;

(2)新建管道和站场设备的设计、施工和投产应满足安全管理"三同时",安全环保设施与地上石油管道和站场主体工程应从可设计期间开始,在完整性管理全过程中持续进行并建立相应数据库;

(3)管道和站场设备运营单位应建设完整性管理信息平台,满足数据采集、存储和分析;

(4)完整性管理是持续循环的过程,包括数据采集与集成、潜在高风险识别与分析、检验检测与评价、检维修与隐患治理、预防与控制及效能评价与管理评审等六个环节。

5.3.2.2 数据收集

(1)应明确管道和站场设备设施全生命周期不同阶段产生的数据种类和属性,并按源头采集原则进行采集,各阶段数据宜尽可能完整,便于追溯;

(2)完整性管理数据采集范围应覆盖全生命周期,包括管道和站场的静设备和动设备、仪表、电气和构筑物,以及设计图纸、出厂证明、施工记录、维修维护记录等数据。

5.3.2.3 数据管理

(1)基于管道和站场设计、施工、试运行各阶段的数据管理要求,应开展管道和站场设备的基础数据采集；

(2)建设期数据应开展实时采集整合，保证数据真实有效；

(3)应根据管道和站场完整性管理数据采集需求，及时纳入数据管理系统；

(4)数据应满足完整性管理对数据的需求，符合数据变化的趋势和逻辑关联性。

5.3.2.4　数据移交

(1)宜统筹考虑建设期与运行期的需求，统一数据结构形式，实现建设期数据向运行阶段移交；

(2)应建立数据库进行数字化移交，保证管道和站场设备全生命周期数据有效利用；

(3)数据移交形式宜采集结构化数据，按运营单位完整性管理数据要求移交。

5.3.2.5　数据储存与更新

(1)宜采用结构化的实体数据模型，实现全生命周期数据的管理与维护；

(2)结构化数据的储存宜通过基于数据模型的数据库进行管理和维护；

(3)文档、图片、视频等非结构化的存储宜建立文件清单，非结构化数据应保证提交的数据和文件清单一致；

(4)进行数据更新存储的数据宜进行例行性检查，保证一致性和完整性。

5.3.3　应用工具的完整性管理作用

应用管理工具是油田公司生产过程中的重要辅助工具，借助应用工具，实现高效、安全和可持续性生产的目标，实现油田生产和管理高效化和智能化。完整性管理应用工具可对工作流程、管道和站场设备效能和状态进行直观描述，并通过以下方式快速识别风险、排查隐患和保障生产。

(1)数据采集和监控

通过数智化工具可以收集油田的生产数据，包括产量、压力、温度、流量等多种参数，并经传感器和监控系统实现实时监测。这些数据可实时反馈给管理人员，使其能够及时了解生产情况和优化生产过程。

(2)智能优化生产

油田数智化工具集成了人工智能技术，能够以采集的数据为基础进行数据分析、建模和预测，优化生产决策，并自动调整生产参数，实现最优化的生产效率

和成本控制。

（3）故障检测与维护

数智化工具能够通过数据进行预测性分析，诊断出设备和机器的潜在故障和风险。管理人员亦可根据这些数据制定运维策略，有效减少设备故障率和提高设备运行效率。

（4）安全生产保障

数智化工具可通过实时监测的方式，保证油田的安全运行。例如，通过对管道和站场区域的火灾预警、管道和设备失效情况下的工作介质喷溅控制、危险气体检测分析等手段减少事故发生概率和降低事故对环境影响程度。

5.4 完整性管理数智化发展趋势

在全球能源变革、国际政治经济局势多变的格局下，完整性管理数智化在许多石油领域都有所发展。充分利用新技术、改进传统流程、创新生产模式、实现降本增效，实现数字化转型，将成为企业发展的重要战略举措，有效提高企业竞争力。塔里木油田公司从油气行业数智化发展现状出发，总结出完整性数智化未来发展方向，并根据油田生产实际探索出适合自身的完整性数智化发展方向。

5.4.1 油气行业数智化发展现状

50多年前，以地震勘探为代表的数字化技术被应用于油气行业。现今，许多国际石油公司，如BP、壳牌、雪佛龙、挪威国家石油等，均以"感知洞察、智能控制、协同共享和互联创新"四项数字化能力为重点，积极与微软、谷歌等技术服务公司推动数字化技术在油气领域应用。当前，BP、壳牌等国际一流公司正在积极推进智能油田、未来油田、IField等数字化技术实践，以此建立未来竞争优势。

国内石油企业也积极探索数智能化油田发展，如中国海油将"云大物移智"的技术融入老油田生产全流程，开启海上油田数智化时代的新纪元，并制定中国海油数智化战略——2035年全面建成智能化油田；长庆油田公司苏里格南作业分公司在苏南区块开展了岩屑自动采集、岩屑成像分析和远程传输等技术联合应用的研究。同时为了进一步加强井筒信息数据集成、实现数据共享和高效管理，苏南公司利用录井信息传输集成了钻井、录井、定向井、测井、钻井液等各专业数据的井筒数据中心优势，将下套管、固井和压裂数据与录井信息远程传输系统融合，搭建了井筒信息一体化的数智化系统。通过数智化录井技术的创新应用和探索，确保岩屑录井的及时性、准确性，提升录井技术和井场管理水平，并为数智化油气田的建设和发展打下基础。

塔里木油田公司依据中石油关于油气田管道和站场完整性管理的"一规三则"的相关要求，持续多年在失效与统计、管道缺陷评价、管道风险检测与评价、缓蚀剂效能评价与预测等方面大力推进数智化发展，依托海量数据基础，利用数据赋能智能化油田建设和发展。

5.4.2　完整性数智化未来发展方向

目前数智化工作平台在管道完整性管理工作中应用的方法包含高后果区识别管理、风险评价管理、外防腐层管理、腐蚀检测管理、介质检测管理、内外检测管理、管道失效管理、维修维护管理、管道数据资源建设等。随着云计算、物联网、大数据和人工智能等数字技术在油气生产中的逐步应用和融合中，完整性数智化出现以下几大发展方向：

（1）非破坏性检测技术

非破坏性检测技术一直是油气管道检测技术发展的重要方向，其主要作用是检测管道的内部和外部缺陷，包括管道的裂纹、焊接缺陷、腐蚀、局部磨损等。传统的管道检测技术主要依靠人工视觉和听觉判断，难以保证检测结果的准确性和可靠性。随着检测技术和设备的不断发展和创新，非破坏性检测技术已经成为管道完整性管理的重要手段。目前广泛应用的非破坏性检测技术包括超声波检测、磁粉探伤、涡流检测、射线检测等。

（2）预防性维护技术

预防性维护技术是管道完整性管理的重要策略之一，主要依靠实时监测和预测管理技术，旨在尽早发现管道的缺陷或故障，以及修复或更换部件，从而保证管道系统安全稳定运行。预防性维护技术包括管道的监测系统、预警系统、数据分析系统和管道预维修计划等方面。

（3）模拟模型技术

模拟模型技术是预测管道和站场设备完整性风险和支持决策的重要手段，主要基于数学模型和计算机仿真，借助算法对管道和站场设备的结构、材料、设计参数、环境条件等进行分析和模拟，以提前预测风险和破坏情况，模拟模型技术不仅能帮助管理人员识别潜在完整性问题，还能优化运行参数和帮助制定维保计划。

（4）人工智能技术

人工智能技术是管道和站场完整性管理的新兴技术，其主要应用于管道和设备故障预测和诊断。人工智能技术能够从海量数据中提炼出有效信息和规律，通过算法和模型预测诊断管道和站场设备故障和缺陷，从而为维护和修复提供指导和支持。

（5）风险防控技术

任何系统都并非绝对完美的，完整性管理数智化平台也不例外，面临的风险主要有：数据安全问题和可靠性，网络攻击和误操作，系统兼容问题和系统升级的维护问题。因而在推进建设管道和站场数智化平台的同时，还应逐步建立完善的风险预防和机制和互联网安全保障技术，促进平台的长期稳定性和健康发展。

5.4.3　完整性数智化发展方向探索

完整性管理是为保障管道和站场完整、提高本质安全而进行的一系列管理活动，是近年来逐渐发展成熟并得到成功应用的管理方式。2016年以来，中石油启动管道和站场完整性管理工作，持续开展试点工程，并配套开展了科研攻关，取得了良好的效果。完整性管理被证明是管道和站场提升本质安全、延长使用寿命、提高经济效益的有效手段。

根据中石油关于管道和站场完整性管理的"一规三则"文件要求，塔里木油田公司探索出"依托现有油田信息化基础，夯实管道数据基础、形成良性数据资产，通过构建数字化能力，实现管道运行虚拟全景展现，最终实现智能化应用"的建设思路，逐步实现从数据资源建设、数字化建设到智能化探索的阶段性跨越，如图5-3所示。

（1）夯实数据基础

为夯实数智能化数据基础，油田公司要求必须厘清海量冗杂生产数据之间关系、打破数据壁垒和统一数据源，搭建起清晰的数据资源建设总体思路，逐步完善管道和站场设备全生命周期管理体系。

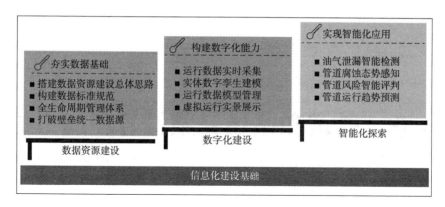

图 5 - 3 数智化建设过程

（2）构建数字化能力

构建数字化能力对实现管道和站场完整性管理意义重大，油田公司提出构建完整性管理数字化能力的四个方向：运行数据实时采集、实体数字孪生建模、运行数据模型管理和虚拟运行实景展示。四个方向相互依托、相辅相成，为建立强大的完整性管理数字化能力，必须在各方向上统筹推进、协调发展。

（3）实现智能化应用

油田智能化应用是未来数字油田发展中的重要组成部分，油田公司根据公司实际情况和一线生产需要，已规划的智能化应用的探索方向包含油气泄漏智能检测、管道腐蚀态势感知、管道风险智能评判和管道运行趋势预测等。

第6章　管道和站场完整性管理能力提升

6.1　完整性管理能力的重要性

自2001年完整性管理理念被引入我国石油天然气行业以来，对于如何有效地推动管道管理从传统管理向完整性管理模式转变，油气管道企业和专家进行了持续深入的探索实践。经过10余年努力，我国大型能源企业针对油气管道管理都初步建立了完整性管理体系，并开始发挥重要作用。

完整性管理能力是指管理者不断根据最新信息，对管道和站场运营中面临的风险因素进行识别和评价，并不断采取针对性的风险减缓措施的能力。完整性管理水平的提升有助于加强油气田管道和站场完整性管理工作，保障管道和站场本质安全，控制运行风险，延长使用寿命，助力油田公司提质、降本、增效和可持续发展。提升完整性管理能力是保障油田生产运营和可持续发展的重要措施。

完整性管理能力的提升在安全、生产、环境和法规等方面都有着重要的体现。

(1)生产安全保障

提升油田完整性管理能力可预防管道可燃介质泄漏、可燃气体爆炸等不可预见的风险发生，监测站场设备运转情况，保障管道和站场安全平稳运行。

(2)提升生产效率

加强完整性管理措施落实，可在保障生产安全的基础上减少停产风险和因设备故障导致的停产维修，有效提高油田生产效率，保障经济效益。

(3)减少环境污染

管道失效和站场设备故障导致的泄漏将会导致严重的环境污染，提升完整性管理能力可有效预防此类事件的发生，保护长输管线和站场区域的环境健康，降低污染风险。

(4)合乎生产法规

完整性管理能力提升可确保油田公司营运遵守国家相关法律法规，符合监察机构要求的国家标准、行业标准，有利于落实集团公司在完整性管理方面的工作要求，保证油田全面合规。

6.2　推动完善组织机构建设

组织机构是指为实现某一工作目标而以一定形式组建的多层级架构，组织机构以有效管理为核心，按照企业部门的岗位设置和权责分配情况划分层级。推动完善组织机构建设意义重大，不仅对企业管理决策制定和实施具有积极作用，从长期来看，对于能源企业可持续、高质量发展也有积极意义。组织架构是企业内部环境的有机组成部分，也是企业开展风险评估、实施控制活动，促进信息沟通、强化内部监督的基础设施和平台载体。合理的组织机构建设，能够保证企业运营过程中层级清晰、权责明确和有效内控。

自完整性管理理念引入国内，各大能源企业不断推进设备设施完整性管理中国化，在完整性管理组织机构建设方面做了许多探索工作，积累了大量实践经验，建立了完整性管理相关企业标准和设备设施完整性管理体系，如中石油企业标准 Q/SY 1180.1—2009 设置了对完整性管理组织机构和职责要求，即宜设置或指定完整性管理部门，明确职责分工，并对负责人有明确的工作标准要求；中国海洋石油有限公司于 2018 年发布生效了《中海石油(中国)有限公司设备设施完整性管理体系》，其中对完整性管理组织设置和原则提出了明确规定。

6.2.1　中石油完整性管理组织机构建设

自中石油引进完整性管理理念以来，从管道板块开始开展完整性管理工作，为有效执行长输管道的完整性管理工作，设置专职管理部门，由股份公司管道处、地区公司及其各下属输油气分公司 3 级部门和技术支持单位管道科技中心组成。其中：

股份公司管道处：组织、监督与审核各地区公司完整性管理工作；

地区公司：监督和审核完整性管理工作的执行情况和质量；

各下属输油气分公司：执行完成完整性管理各项工作。

此外，为了加强完整性管理的专业化和系统化，板块和各分公司都设置了专门的技术支持队伍。

6.2.2　西南油气田完整性管理组织机构

西南油气田公司目前组织机构设置为：

➢ 纵向分级管理：公司—气矿（输气处、总厂、平台公司）—作业区（终端燃气公司）—班组共 4 级。

➢ 横向业务主导：采用"业务主导、专业协同、分工合作"方式，即气田集输与处理、储气库纳入开发生产业务，气田开发管理部负责；管道输送与燃气纳入管道业务，管道管理部负责。

➢ 专业支撑保障：四个技术支撑机构，四个抢维修机构。

6.2.3　塔里木油田公司完整性管理组织机构

现阶段，塔里木油田在推进组织机构建设方面，借鉴了西南油气田相关经验，完善组织机构，设置专人专岗，加强队伍建设，充实人才力量，通过完善技术标准和管理体系，明确油田员工的责任和义务，提高管理人员和技术操作人员的素质，极大地促进了管道和站场的完整性能力建设，以全员、全过程管理实现对潜在风险的判别和实施优化防控措施。

油田公司管道和站场完整性管理以"风险受控、安全运行、降本增效"为核心，根据国家相关法律法规和股份公司制度要求，结合油田实际情况，完整性管理组织机构以合理、高效、实际可行为原则，以达到安全平稳生产、提升执行效率的目的，建立和完善完整性管理的组织架构。现将完整性管理划分为 4 个层级，分别为决策层、管理层、执行层和服务层。其中，决策层为油田公司完整性管理领导小组，管理层由机关处室（部门）组成，执行层由 16 个工程营运单位组成，服务层包括检测评价、腐蚀防护、数据信息及科研咨询四类队伍。此外，设立实验检测研究院和油气工程研究院完整性技术中心并提供技术支持。组织机构如图 6-1 所示。

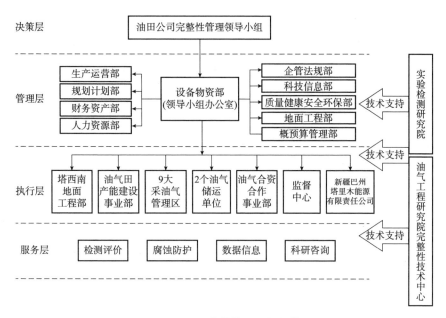

图 6-1　完整性管理组织机构

6.3　促进管理能力提升

石油天然气能源在国民经济发展中起着支柱作用，同时，由于石化行业的普遍高危性质，良好的设备设施完整性管理能力能够有效保证设备设施的本质安全和可靠性，对保障作业人员人身安全、能源企业稳定生产和国民经济发展都具有深远意义。在现代石油工业的背景下，完整性管理能力在符合国家法律法规和生产企业 QHSE 相关要求等方面显得尤为重要。然而，随着生产技术的发展和国家生产法规日益完善，完整性管理的理论和实践方法也在不断地更新和发展。因此，如何提升完整性管理人员的业务能力和技术素质，是当前能源企业亟待解决的问题之一，主要从以下两个方面展开。

6.3.1　"九个一"能力提升活动

根据"一规三则"和塔里木油田公司完整性管理手册等文件要求，塔里木油田公司细化并完善了完整性管理的基础工作。为提高完整性管理人员业务能力和技术素质，以自主研发实用型技术、管理制度整合、宣贯培训、广泛宣传为主要手段，创新性开展宣传攻势、课件开发、高级培训、标准解读、内部兼职培训师、专家、专项问题研讨、经验分享、专项审核"九个一"完整性管理能力提升活动，促进完整性管理理念内化为企业文化，提升全盘联动能力、实现扁平化管理。"九个一"完整性管理能力提升活动内容如下：

（1）一次特色宣传活动

通过设计展板、布置宣传任务、组织宣讲活动等手段，加大宣传力度、促使全员参与，让完整性管理知识易被员工学习和理解。展板宣讲活动将公司的完整性管理方案的重点内容以图片和文字的形式展示，以此让员工更好地了解公司的完整性管理方案内容，提高员工参与度。

（2）一次课件开发

针对不同职务和层级员工的需求，制定不同类型的完整性管理培训课件，包括理论性、系统性和自学性的内容，提升员工综合能力。使员工结合理论和实践两方面进行思考和学习，更好地理解完整性管理的内容和意义。

（3）一次高阶培训

油田公司组织开展高阶培训，确保各生产单位领导和负责完整工作的工程师全面和系统地掌握完整性管理理论和实践技能。

（4）一次标准解读

通过对国家和行业针对完整性管理发布的标准文件进行课件编制与解读，让员工了解标准、学习标准、掌握标准，把握其核心内容和实施方法，从合乎国家和行业标准的要求角度理解完整性管理，提升员工在完整性管理方面执行标准的能力和素质。

（5）一次专项审核

油田公司定期组织开展专项审核活动，促使机关和一线各部门形成开展自检自查自纠的工作作风，以达到在日常工作中应用完整性管理要求，达到逐步提高员工完整性管理能力的目标。

（6）一次经验分享

在完整性管理相关会议上设置经验分享内容，重点是分享油田一线工程师实际的完整性管理工作经验，举一反三，促进共同进步。

（7）一次专项问题研讨

由各生产单位自主确定主题，重点针对隐患排查治理工作和油田一线生产规范化作业程序进行监督审核，定期举办专项问题研讨会。

（8）一次培训师提升

建立内部兼职培训师岗位，让具备一定经验和能力的员工担任培训师，并为其他员工提供完整性管理相关知识技能培训，有力推动完整性管理知识延伸。

（9）一名完整性专家

各生产单位自主至少选拔一名技术专家，针对油田生产所遇"疑难杂症"进行分类和自主化管理，在不同类别中选拔技术专家，必要时可向其他单位提供技术支持。

通过"九个一"完整性管理能力提升活动的实践，塔里木油田公司总结出如下经验：

（1）系统总结油田公司在管道和站场设备方面的安全管理技术和成功经验，再按照完整性管理理念升华为具有企业特色的完整性管理技术或方法。这种方式可提高员工敬业精神、成就感，使完整性管理理念易于扎根，从而变被动实践为自觉实践。

（2）大力提倡自主研发实用型技术和方法，不仅可直接提升管道和站场设备本质安全管理水平，还能起到激发完整性管理实践热情和自觉性的作用。

（3）努力将完整性管理的有关要求和理念融入其他相关制度文件，促进完整性管理内化为企业管理文化。

（4）宣贯培训、广泛宣传是必不可少的手段，对完整性管理理念的衍生具有积极作用。

6.3.2 开展完整性管理培训课程设计

以塔里木油田公司原有培训工作制度为基础，以实用性、可落地性为指导，从收集、整理资料，岗位分类、技能需求调查/识别，培训需求矩阵制定，配套课程设计等五方面形成完整性管理培训的工作思路和工作流程，从全方位、多角度提升完整性管理相关人员能力。完整性管理培训课程设计工作思路图详见图6-2。

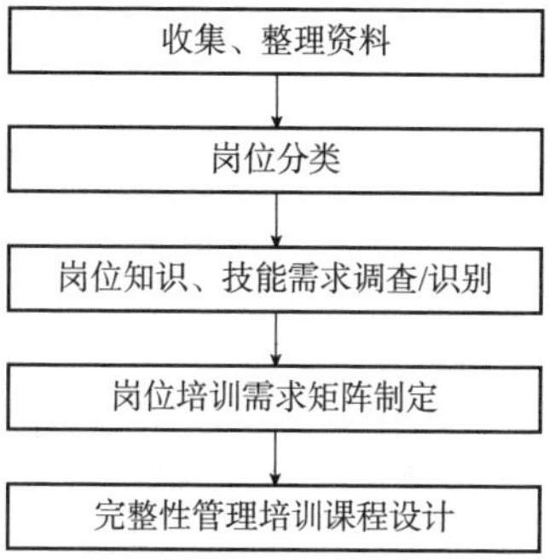

图6-2 完整性管理培训
课程设计工作思路

（1）收集整理资料

收集、统计与整理油田公司现有的岗位及其岗位职责，以及历年管道和站场完整性管理审核资料。

(2)岗位分类

基于油田公司各岗位完整性管理职责，按照"纵向分级＋横向分类"的原则进行岗位分类，即以技能需求程度为划分标准，分"管理层、技术层、执行层"3个层级；以与生产紧密度为划分标准，分为"完整性岗、腐蚀防护岗、设计岗、完整性相关岗位"4大类。

(3)知识、技能需求调查/识别

基于岗位分类结果，以完整性为核心进行岗位知识、技能需求识别，确保岗位培训需求与岗位职责、员工个人能力、岗位工作相匹配。岗位技能需求示意图详见图6-3。

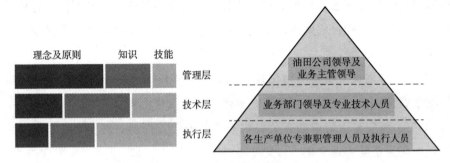

图6-3 岗位技能需求

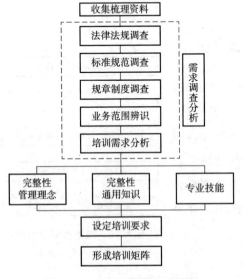

图6-4 培训矩阵制定流程图

(4)岗位培训需求矩阵

结合前期技能需求调查/识别结果与历年完整性检查的人员能力短板，设计岗位培训需求矩阵框架及培训内容，确保培训内容、课时、方式、师资力量等与各层级完整性管理能力现状、岗位职责、工作清单及资源相匹配。培训矩阵制定流程详见图6-4。

1)收集梳理资料

根据完整性培训需求矩阵编制需求收集相关内、外部资料，并进行严谨的梳理与分析。

2)需求调查分析

对涉及的培训法律法规、规章制度进行收集，对收集的法律法规、规章制度进行辨识。确定有关法律法规、规章制度对员工培训的基本要求，制定了培训需求调查内容表，详见表6-1。

表6-1　培训需求调查内容

培训需求调查因素	
1. 常规性因素	1)法律法规的要求，包括特殊岗位和工种等
	2)新员工的加入
	3)上级单位的要求
	4)新技术/设备/工艺的引进
	5)单位发展目标和战略的需要
	6)单位培训的目标/标准
	7)发生事故
	8)……
2. 偶然性因素	1)员工岗位胜任能力的需求
	2)顾客投诉
	3)员工个人提出的培训需求(包括员工继续教育的要求等)
	4)员工岗位调整
	5)员工绩效考核和素质评估的结果
	6)体系的改版
	7)……
培训需求调查方法	
1. 访谈法	通过与被访谈人面对面地交谈来获取培训需求的信息
2. 观察法	通过对工作现场和员工的观察，发现问题，获取信息
3. 关键事件法	通过工作过程中发生的对公司绩效有重大影响的特定事件，如系统故障、重大事故、重大隐患、人事和组织机构的重大调整、新工艺(技术、设备)的引进等
4. 经验预测法	有些培训具有一定的通用性或规律性，可以凭借管理经验进行预测
5. 讨论分析法	召集有代表性的人员一起共同分析和思考，然后归纳和优化出培训需求
6. 基于岗位素质要求的培训需求分析法	该分析方法主要基于两个方面：岗位描述、岗位素质要求

3）设定培训内容

根据完整性培训需求矩阵调查分析结果，汇总、确定各层级人员需要接受的完整性培训内容。综合得出，岗位完整性培训内容设定为以下三方面内容：

➢ 完整性管理理念：完整性管理理念和原则，国内外先进完整性管理模式及方法；

➢ 完整性管理通用知识：完整性相关法律法规及地方政府管理制度，完整性管理和技术标准，股份公司"一规三则四册六标准"，油田公司管道和站场完整性管理总体策划，油田公司完整性管理体系文件，二级单位完整性管理体系文件，油田公司完整性管理制度，完整性管理相关方案；

➢ 专业技能：工程设计、工程建设、管道和站场完整性管理分类分级、管道高后果区识别、管道风险评价、站场风险评价、清管工作、检验检测、腐蚀防护、阴保检测、完整性数据管理、失效管理、维修维护、效能评价。

4）设定培训要求

培训要求是培训的目标和指标，是培训矩阵关键部分，是指对培训效果、培训周期、培训方式、培训课时、培训师资等的要求，应当根据培训对象、培训内容确定。

①培训效果：是指员工经过培训后，希望或者要求达到的目标，一般分为"了解""掌握""掌握并能培训他人"。

➢ 了解：属于理念性或与本岗位业务无直接关系的培训内容，培训效果可确定为"了解"；

➢ 掌握：要属于本岗位直接操作的工作，要求经过培训后必须达到熟知或能够独立操作的培训内容；

➢ 掌握并能培训他人：要求必须"掌握"并"能培训他人"，以保障其具有履行完整性管理培训的直线责任能力。

②培训周期：是指同一内容两次培训的间隔时间。培训周期的确定，可在国家、行业、企业有关规定范围内，结合员工知识更新速度等实际进行确定。

➢ 所有培训内容最长培训周期不超过 3 年，如无特殊要求的操作技能培训，培训周期一般分为 3 年，但不能超过 3 年；

➢ 一般需要员工达到"了解"和"掌握"的培训内容，培训周期可不小于 1 年、不超过 3 年；

　　➤ 事故案例等需要随时进行的培训内容应当不确定周期；

　　➤ 新入厂、调换工种、转岗、复工等岗位员工培训，或者因规章制度、设备设施、工艺技术等变更应当进行的培训，以及其他专项培训，可不受周期限制。

　　③培训方式：是指根据不同的培训内容、培训效果、培训对象可采取的培训手段或形式，主要有课堂、现场、会议(包括自学、告知、网络培训)等形式，针对一些特殊培训内容或条件较特殊的对象也可以不限定具体的培训形式。

　　➤ 需要动手操作的项目，以实际操作培训为主，课堂讲授与现场演练相结合；

　　➤ 属于理念性的内容，以课堂授课和会议告知为主；

　　➤ 不限定员工自学。

　　④培训课时是指针对某一培训内容需要的授课时间，按照常规教育培训计时方法计算，根据培训内容多少、接受难易程度、需要达到的效果等确定。

　　➤ 以一般常规、培训内容需要掌握、培训课程量中等的技能培训需要 0.5h 为基础，根据上述条件变化按 1/2～1 梯度增加课时，按 1/2 梯度缩减课时；

　　➤ 一般需要员工达到掌握程度的培训，课时不少于 0.5h；一般需要员工达到了解程度的培训，特别简单的常规和低风险操作，课时可减少 1/2；

　　➤ 较高频率操作等直接关系员工完整性的培训，课时可整数倍增加；

　　➤ 事故案例等经常性和其他随时进行的培训，不受时间限制。

　　5)形成培训矩阵

　　按照培训矩阵编制流程，编制培训矩阵框架，并将有关内容填入完整性培训矩阵表中，即完成培训矩阵的编制工作。在培训矩阵形成后，最终形成管道和站场完整性管理培训需求矩阵表，详见表 6-2。

　　(5)完整性管理培训课程设计

　　根据岗位职责、岗位业务范围与特点、技能需求和技能水平，列出配套的完整性管理培训课程设计配套培训课件清单，详见表 6-3。

表6-2　管道和站场完整性管理培训需求矩阵表

培训内容		培训形式（推荐但不限于）	管理层	技术层			完整性相关专业岗位	执行层
				完整性岗	腐蚀防护岗	设计岗		
（一）完整性管理理念	完整性管理理念和原则、国内外先进完整性管理模式及方法	M1/M4	C3	C2	C2	C1	C1	C1
（二）完整性管理通用知识	1. 完整性相关法律法规及地方政府管理制度　1.1 法律法规（安全法、管道保护法、特种设备法等）	M2/M4	C2	C2	C2	C1	C1	C1
	1.2 规章制度（国质检特联〔2016〕560号、质检办特函〔2017〕1336号、发改能源〔2016〕2197号等国家部委文件、要求等）	M2/M4	C2	C2	C2	C1	C1	C1
	2. 完整性管理和技术标准　2.1 国家标准（油气管道、储罐完整性管理规范等）	M2/M4	C2	C2	C2	C1	C1	C1
	2.2 行业标准（输油、输气管道管理规范等）	M2/M4	C2	C2	C2	C1	C1	C1
	2.3 企业标准（Q/SY 1180、"五专"标准）	M2/M4	C2	C2	C2	C1	C1	C1
	3. 股份公司"一规三则四册六标准"	M2/M4	C2	C2	C2	C1	C1	C1
	4. 油田公司完整性管理体系及制度	M2/M4	C2	C2	C2	C2	C1	C1

续表

培训内容		培训形式（推荐但不限于）	管理层	技术层				执行层
				完整性岗	腐蚀防护岗	设计岗	完整性相关专业岗位	
（二）完整性管理通用知识	5. 完整性管理相关方案	5.1 油田公司管道和站场完整性管理规划方案	M1/M4	C3	C2	C2	C2	C1	C1
		5.2 油田公司管道和站场完整性管理试点方案	M1/M4	A3	A3	A2	A1	A1	A1
		5.3 油田公司管道和站场完整性管理年度工作方案	M1/M4	A3	A3	A2	A1	A1	A1
		5.4 "一区一案""一线一案""区域防腐方案"等相关方案	M1/M4	A2	A2	A1	A1	A1	A1
（三）专业技能		1. 项目设计（设计专章审查要求等）	M1/M3	C1	C3	C2	C3	C1	C2
		2. 工程建设（施工过程关键节点检查要求等）	M1/M3	C1	C2	C2	C2	C1	C2
		3. 管道和站场完整性管理分类分级（原则等）	M1/M3	C1	C3	C1	C2	C1	C2
		4. 管道高后果区识别（气管道、油管道、高含硫管道、管网区域高后果区识别原则和管控要求）	M1/M3	C1	C3	C1	C2	C1	C2
		5. 管道定性风险评价（定性）	M1/M3	C1	C2	C1	C2	C1	C2
		6. 管道定量风险评价（定量、半定量）	M1/M3	C1	C1	C1	C1	C1	C1
		7. 站场风险评价及常用工具方法（HAZOP、RBI、RCM、SIL、What If/Checklist、LEC、RAM、ETA、FTA、Why-Tree等）	M1/M3	C1	C1	C1	C1	C1	C1
		8. 清管工作（清管作业规范、实施细则）	M1/M3	C1	C3	C2	C2	C1	C2

续表

培训内容	培训形式（推荐但不限于）	管理层	技术层				执行层
			完整性岗	腐蚀防护岗	设计岗	完整性相关专业岗位	
9. 检验检测[内检测、输油气（工业）管道定期检测、无损检测、开挖验证、内腐蚀检验、外腐蚀直接评价]	M1/M3	C1	C2	C2	C1	C1	C1
10. 腐蚀防护（防腐层检测、内防腐、外防腐、腐蚀监测、腐蚀补口、修复技术等）	M1/M3	C1	C1	C2	C1	C1	C1
11. 阴保检测（阴保参数测量、管道和场站阴保系统管理、有效性评价、油田公司阴保实施细则等）	M1/M3	C1	C1	C2	C1	C1	C1
12. 完整性数据管理（数据测量、采集、整合 W、交换、归档、综合分析、应用等）	M1/M4	C1	C3	C1	C1	C1	C2
13. 失效管理（失效类型、失效识别、失效统计）	M1/M3	B1	B3	B2	C1	C1	B2
14. 维修维护（管道：管道本体、外防腐维修；站场：静设备、动设备等）	M1/M3	B1	B2	B2	C1	C1	B2
15. 效能评价（项目后、过程中效能评价等）	M1/M3	B1	B3	B2	C1	C1	B2

注：
1. 层级分布：管理层、技术层、执行层；
2. 技能要求：1—了解，2—掌握，3—掌握并能培训他人；
3. A：代表周期一年，B：代表周期二年，C：代表周期三年；
4. M1：课堂培训，M2：会议或专题讨论，M3：现场实操，M4：网络视频；
5. 熟练应用、了解深度根据岗位类别进行评定。
了解：属于理念应用，了解深度根据岗位应知应会的培训内容，培训效果经过培训后可确定为"了解"；
掌握：属于培训他人，要求经过培训后必须达到熟知或熟练独立操作的直接培训内容；
掌握并能培训他人：要求必须"掌握"并"能培训他人"，以保障其具有履行完整性管理培训的直线责任能力。

表 6-3　管道和站场完整性管理培训课程设计配套培训课件清单

序号	拟配套课件名称
(一)完整性管理理念	
1	完整性管理理念与实践应用
(二)完整性通用知识	
2	完整性相关法律法规摘要解读
3	管道保护法解读与宣贯
4	特种设备法解读与宣贯
5	安全生产法与环境保护法解读与宣贯
6	完整性相关规章制度解读与宣贯
7	完整性相关标准解读与宣贯
8	股份公司设施完整性管理规范解读与宣贯
9	GB/T 37327—2019 常压储罐完整性管理
10	油气田管道和站场建设期完整性管理设计专章编制规范解读与宣贯
11	油气田管道和站场建设期完整性管理施工阶段专项方案编制规范解读与宣贯
12	油气田管道和站场建设期完整性管理施工阶段"专监、专检、专验"解读与应用
13	勘探预生产分公司《管道与站场完整性管理规定》解读与宣贯
14	三个《导则》解读与宣贯
15	股份公司油气田管道完整性管理体系宣贯
16	股份公司油气田站场完整性管理体系宣贯
17	股份公司完整性"六标准"解读与宣贯
18	油田公司完整性管理体系文件与制度宣贯
19	管道和站场完整性管理相关规划方案宣贯
20	管道和站场完整性管理试点方案宣贯
21	管道和站场完整性管理年度工作方案编制要点宣贯
22	管道和站场完整性管理实施方案编制要点宣贯
(三)专业技能	
23	管道和站场完整性管理设计专章审查要求
24	管道和站场完整性管理施工阶段关键环节管理要求
25	管道分类、高后果区识别与风险评价概述
26	油气田管道定性风险评价
27	油气田管道定量与半定量风险评价

序号	拟配套课件名称
28	站场分类及风险评价概述
29	危害与可操作性分析(HAZOP)
30	基于风险评估的设备检验技术(RBI)
31	以可靠性为中心的维修(RCM)
32	设备的安全完整性等级评估(SIL)
33	常用工艺安全分析方法简介
34	油气管道清管作业流程及要求
35	油气管道检测评价技术方法
36	油气管道内检测技术
37	油气管道清管内检测风险控制策略及案例
38	埋地钢制管道外腐蚀直接评价技术
39	埋地钢制管道内腐蚀直接评价技术
40	油气管道压力试验
41	油气管道专项检测技术
42	油气管道缺陷合于使用评价技术
43	完整性管理防腐技术及数据的应用
44	缓蚀剂的应用管理
45	缓蚀剂在油气田的应用技术研究
46	压力容器和储罐内涂层防腐技术
47	管道及设备外防腐层及补口技术
48	油气集输管道腐蚀监测技术
49	地面生产系统阴极保护管理工作要求
50	埋地钢质管道阴极保护技术标准与管理要求
51	站场阴极保护技术标准与管理要求
52	管道和站场阴极保护参数测量及优化调整
53	埋地钢质管道阴极保护有效性评价测试方法
54	油气管道阴保数据智能采集及集成应用技术
55	管道和站场完整性数据采集整合技术要求
56	管道和站场完整性管理数据应用
57	管道和设备完整性管理失效管理程序

序号	拟配套课件名称
58	管道和设备完整性管理腐蚀失效分析
59	完整性管理失效识别与统计分析软件应用
60	管道和站场维修维护策略及管理要求
61	油气管道本体缺陷修复技术
62	管道外防腐层保温层修复技术
63	阴极保护系统维修
64	站场维修与维护
65	管道和站场完整性管理效能评价与审核

第7章　完整性关键技术攻关

随着完整性管理的逐步推进，为加强完整性管理的可执行性，通过了解我国现阶段完整性管理技术发展现状，以及完整性管理现阶段的重难点技术，开展塔里木油田公司的完整性管理关键技术攻关。

7.1　国内技术攻关发展现状

自完整性管理理念引入，为了提高管道和站场的本质安全，国内油气行业相关的企业以完整性管理理念核心，开展完整性管理相关技术攻关，用以保障油气田管道和站场的平稳运行。

从 2002 年开始，我国各管道公司分别对管道漏磁内检测、缺陷评价、复合材料补强修复、超声导波检测、管道力学分析、在役管道的螺旋焊缝三轴高清检测等技术方法进行引进与研究，这些技术方法在管道和站场的风险管理中起着重要作用。中石油经过多年科研攻关和工程应用，突破了油气田集输管道选材、风险评估、缺陷适用性评价、泄漏监测预警等完整性关键技术，取得了四项创新成果。

(1)通过开展不同类型油气田集输管道失效分析，重点研究低产高含水油田、含 H_2S 碳酸盐岩油气田和含 CO_2 高压气田集输管道失效规律，结合多种材质管道全生命周期技术经济性比选，形成不同集输环境下管道精细选材方法。

(2)基于 20 年失效大数据，深入研究油气田集输管道失效影响因素、失效机理及失效后果，提出风险评估的具体指标、权重、赋值、计算方法、分级标准等，建立了 7 种适用于油气田集输管道的定性或半定量风险评估方法。

(3)国内首次开展动态应变监测的全尺寸评价试验，明确了含复合凹陷、预变形、斜接环焊缝管道的应变演变特征及性能变化规律，建立了复合凹陷管道评价边界及极限承载预测模型、变形量与屈服强度预测模型、斜接环焊缝评估及补强修复方法等含缺陷油气管道适用性评价技术。

（4）基于流体力学、过程安全控制、信号处理等多学科理论的交叉融合，建立了基于动态压力波的油气管道泄漏工况诊断技术的新体系，并实现工业应用，有效解决了当前泄漏预警技术存在的误报率高、漏报率高、精度不高和应急响应不及时的难题。

张志浩团队也于2020年研究了电磁涡流信号和超声波信号，创新地开发了电磁涡流内腐蚀检测机器人，并成功地应用于管道的腐蚀检测。此外，还完成了超声波检测的可行性方案，并进行了超声波腐蚀检测机器人样机的装配调试工作。在研究中，将涡流技术与长庆油田管道现状相结合，以增加柔性短节和封水皮碗为基础，从而实现了对DN80和DN100管道以及多弯头管道内腐蚀的检测。同时采用水或原油作为动力源。通过对比数据库，能够直观地观察到每个管道的缺陷，快速统计管道的使用情况。若每年进行一次检测并对比数据库，就能够判断出管线的腐蚀速率和剩余使用年限，对于管道的安全使用具有指导意义。

经过20余年的发展，我国油气管道完整性管理技术在日臻成熟，但在执行过程中仍然存在瓶颈。

7.2　完整性重难点技术

根据现阶段对管道和站场完整性管理技术执行过程的现状研究，发现仍存在的瓶颈，主要突出在以下几个方面。

（1）高级钢与老旧管道焊缝检测技术交叉

随着油气管网规模的扩大和运行时间的增加，部分老化管线出现了不同程度的腐蚀、裂纹和应力集中等问题。随着X80级以上高钢级管道的应用，同时，老化管道逐渐接近失效期，环焊缝开裂成为导致管道故障的主要原因，管道的应力状态长时间处于交变载荷环境的环境中，还有一些管道位于河谷地带或者大江大河的跨越段。目前通过高清内部检测技术难以准确定量焊缝的体积和裂纹缺陷，并且受到多种条件限制，环焊缝裂纹检测问题一直是制约管道安全的全球性难题。需要研究高钢级焊缝在复杂应力状态下的应力、应变极限状态，以及焊接金相组织结构、焊接工艺热处理和焊缝的最大失效抗力等多个因素耦合的问题。同时，还要尽快建立焊缝内检测数据与无损检测射线图像的表征关系，以发现存在的缺陷。

(2)公共服务与第三方防范技术亟待完善

我国目前还没有在国家层面建立统一的挖掘报警系统，没有对于防范打孔盗油和施工挖掘损坏的措施，没有统一的管道安全特定施工作业申请与审批程序，没有建立起国家级管道地理信息系统，并且缺乏相应的施工挖掘信息查询统一呼叫电话。除此之外，也没有采取多种预防措施来避免施工挖掘过程中管道损坏事故的发生。目前主要还是依靠人防措施。然而，社会参与度较低，预警预报技术没有实质性突破。北斗卫星、遥感技术、无人机巡线技术虽然已经在一些地方得到应用，但仍然处于局部应用和发展阶段，无法完全取代人工巡线。此外，光纤第三方入侵技术也存在一些问题，如误报率较高、灵敏度较低，以及对光纤振动信号的检测能力不强。基于大数据的第三方防范技术和基于视频的第三方影像识别技术目前还处于研究阶段。

(3)地区等级风险评价和管控面对动态挑战

根据中石油所属的 22 个地区分公司进行的初步调查显示，有超过 9800 个点存在地区等级升级的情况。由于不断增加的管道地区升级状况对现有的管道安全管理带来了更大的挑战，因此迫切需要采取合理的风险控制措施来应对由此引起的一系列问题。当前我国缺乏对地区等级升级进行风险评价的标准和管控措施，政府和企业在地区升级管控方面存在一定的顾虑，出台管控标准后对企业风险管控目标的落实是一个大的挑战。

(4)天然气管道泄漏监测仍存在技术困难

天然气管道泄漏监测方法较多，各有利弊，但整体技术亟待完善提高。数据分析法主要依据 SCADA 采集的数据，以及流量计温度、压力、流量等数据找出泄漏的位置，缺点是定位精度低、反应慢。次声原理法受环境噪声的影响，加大了对泄漏信号提取的难度，影响了泄漏监测与定位，小泄漏的判断定位难度较大；负压波法要求较大的压力降，适用于大泄漏或突发泄漏；声波法因其波长短、频率高等自身特点，衰减速度比较快，长距离很有可能检测不到信号。

(5)完整性评估技术的应用缺乏审核和监督

各企业基层单位资产完整性管理的执行情况缺乏有效监督和检查。在管道完整性管理和站场完整性管理的体系文件执行方面，各级管理部门的日常检查缺乏系统性。针对资产完整性的风险识别、评价及消减，缺乏跟踪和有效管理。

7.3　重点完整性技术攻关

7.3.1　国内重难点技术攻关

　　针对我国管道和站场现在所面临的完整性管理评估技术、管道监检测技术、第三方破坏、动态风险把控等重难点技术问题，以及我国长输油气管道所面临的问题，未来发展必须紧紧以管道本质安全和公共安全风险控制为核心，我国从监检测技术、公共安全、智能化应用等方面开展技术攻关解决现阶段部分完整性管理重难点技术，为后续推进完整性管理技术的发展奠定基础。

　　(1)油气管道检测技术及装备

　　通过理论研究、计算模拟与试验相结合的方法，研究电磁控阵、压电超声、自动超声、瞬变电磁、主动声波、机器人、高频导波等信号的发射与接收技术，探索检测信号传输过程中遇到裂纹、缺陷时的反射信号规律，开发反射信号的数据处理系统，形成裂纹、缺陷的显示方法，最终开发管道内检测、环焊缝检测、外检测技术与装备，填补国内在管道检测技术和设备方面的空白，为油气管道的长周期安全运行、定期检测、完整性评估等提供技术支持，减少油气管道的事故发生率。

　　(2)公共安全的重大隐患监测与防护

　　针对长输油气管道中的管输产品泄漏、第三方破坏、地质灾害、大型输油泵故障、杂散电流腐蚀等威胁，通过理论研究、仿真计算、现场试验方法，围绕微弱泄漏信号提取与定位、长距离光纤传感与复杂信号识别、地质灾害识别监测、大型输油泵多源信息融合诊断、罐区激光多组分气体泄漏探测、高压直流干扰防御和评价等技术难点，开展油气管道安全状态监测与防护技术研究。研制主动激励式输油管道泄漏监测技术及设备、基于复合模式光时域反射分布式光纤传感原理的长距离油气管道安全预警技术及设备，地质灾害作用下管土耦合监测技术、建立个性化故障模式库和诊断标准库，开发多源信息融合诊断和预测维护系统、布设安装方案和综合监测系统，形成油气管道杂散电流干扰危害评价准则和油气

管道安全监测及防护国家标准，提高管道风险预控水平。

（3）安全与应急辅助决策支持

围绕管网系统安全综合评价技术和大数据分析技术两条主线，建立管道安全保障技术体系及安全保障决策支持平台，实现管道重大灾害区域预测及应急资源调配决策支持；通过大型物理试验模型和多种环境下的工程示范作为测试手段和应用平台，实现管道安全保障技术体系的工程应用。

（4）管道完整性智能化管控

建设智能化管控系统，应用大数据、移动互联、人工智能等先进技术，联动管道本体及附属设施、管线运行、管线隐患、周边环境等数据信息，集管线运行管理、应急响应管理、隐患治理管理、巡线管理应用、大数据应用等功能于一体，形成数字化、可视化、标准化的智能管控模式。

7.3.2　塔里木油田公司重难点技术攻关

塔里木油田公司以管道本质安全和公共安全风险控制为核心，结合自身的完整性管理瓶颈，根据完整性管理发展规划目标，解决规范化管理和现场应用出现的问题，明确完整性技术攻关以目标、规范化、问题三个导向为指引，从全面实现管网针对管道缺陷类型多、缺乏管道缺陷的数据收录与统计分析；中口径厚壁管道磁化困难、高压环境易导致元器件失效；站场完整性管理没有科学有效的方法；没有适合的效能评价体系，无法准确评价完整性管理效果这4个难点开展技术攻关，解决现场存在的问题。

（1）管道缺陷数据库

国内将油气管道常见缺陷大致分成管体泄漏、外腐蚀、内腐蚀、管体金属损失、电弧烧伤、夹渣、凹坑、硬点、裂纹、焊缝缺陷、皱弯、砂眼和氢致裂纹共13种。这些缺陷可以通过肉眼、无损检测技术等方法被发现。针对管道缺陷类型多、缺乏管道缺陷的数据收录与统计分析，通过对机械损伤、裂纹、内部金属损失、补口带下腐蚀、变形等管道检测缺陷类型进行统计，须建立一套内检测缺陷识别特征库，解决数据解析与缺陷特征相对应的问题。开展压力管道缺陷维修维护技术调研及适用性研究，对压力管道检验检测结果进行统计分析，开展致因分析工作，通过对缺陷管道的现场数据收集、取样分析等方式，确定缺陷产生的原因，并针对性采取维修维护措施。根据油田公司对缺陷数据库的功能需求，初步完成压力管道缺陷数据库建设，形成软件构架完成缺陷适用性评价模块软件设计，便于油田公司查询和统计管道的缺陷成因，为提高精准识别、预知预判奠定基础。

(2)中口径高压厚壁管道内检测技术

塔里木油田公司将口径为150～350mm的管道定义为中口径管道，当其壁厚＞12mm，无法完全磁化或者当运行压力＞10MPa，内部数据存储元器件失效，无法开展管道漏磁检测，导致中口径高压厚壁管道完整性状况不明，无法实现管道缺陷的精准识别和风险的精准管控。

针对该工况内检测存在的问题，开展科研攻关，当同一管道相同壁厚时，选用高性能钕铁硼材料，改造漏磁检测器实现对厚壁管的磁化；当同一管道不同壁厚时，选用电磁涡流检测器。目前，高压厚壁、高含硫管道内检测试验已在塔里木油田部分二级单位取得成功，已完成了励磁系统的磁路设计仿真、结构设计、加工及牵拉试验并建立量化模型等工作。

(3)高压气田站场完整性管理方法

通过对中石油旗下相关油田的完整性管理相关技术成果进行调研，发现站场完整性管理方法还不成熟，仍缺乏站场的完整性管理具体流程与措施，无法保障站场风险受控，主要表现为以下几方面的问题：

1)站场完整性管理基本思路不明确，缺乏理论框架和管理策略；

2)风险评价技术没有统筹应用，风险管控不系统；

3)未系统考虑如何保障安全运行，站场失效统计与分析管理不规范；

4)站场完整性技术不配套、不系统；

5)专项检测与评价与专项分析之间的关系清晰，与其他管理技术的关联不明确。

针对以上问题，开展技术研讨和国内外技术调研，从工艺、设备、电气、仪表4个方面开展失效原因和模式分析，根据分析结果制定针对高压气田站场完整性管理策略，形成油气处理站场完整性管理的"六步循环"，推进站场完整性管理，保障设备设施本质安全保障，达到提质增效的目标。

(4)油气田管道效能评价方法

面对国标和企标的效能评价不具备成熟的操作性，且股份公司的效能评价体系不能满足油田公司现场操作的实际工况等现状，亟须开发适用于油田公司的效能评价体系，为下步运营层和管理层的工作计划、管理策略提供重要支撑。调研国内外效能评价体系方法，以提高综合效率、检查各项工作目标和提高资源利用率等3个问题为导向，开展效能评价研究。形成油气田完整性管理8类28项效能评价指标，将完整性管理效能指标要素划分常态工作、资源保障、技术应用，形成评价软件1套，实现了效能评价的信息化管理。

7.4 完整性管理无泄漏示范区建设

中石油在"十四五"期间提出了完整性管理长远发展目标，将努力建成世界一流综合性能源示范企业，而加快无泄漏示范区建设，就是发展目标之一。为了响应股份公司的要求，2017年至今，塔里木油田公司按照"先重点、后全面、先试点、再推广"的总体工作思路，部署开展完整性管理示范工作，从沙漠油气田、防腐示范区、设备示范点、无泄漏示范、智能管道无泄漏等5个方面开展示范工作，发挥工作引领、头羊效应，为完整性管理、防腐管理、设备管理等工作的开展树立标杆。

以沙漠油气田无泄漏示范区为例，某二级单位位于塔克拉玛干沙漠腹地，自然环境恶劣、介质复杂高含硫化氢、高含二氧化碳、高含氯离子、高矿化度、部分管道运行温度高、流速低，导致其地面系统腐蚀防控难度大、安全环保风险高，且其油气藏类型多、环境复杂、管材设备种类多、处理工艺齐全，具有典型意义，故在该二级单位建设沙漠油气田完整性示范区，从2017年开展沙漠油气田管道和站场完整性管理示范区建设以来，就全面加强了管道和站场完整性基础管理，管道失效次数也在下降，取得了以下四方面取得成效。

7.4.1 固化"4常态＋2推进"完整性管理机制

(1)常态化做好缓蚀剂加注工作，根据所需防护管道的材质及其所处的腐蚀介质性质，结合管道输送量动态优化缓蚀剂加注量，减缓内腐蚀；

(2)常态化做好清管工作，在生产过程中对管道进行清蜡、除垢、除水、除尘等，形成"定期＋动态调整"清管策略，清除内腐蚀条件；

(3)常态化做好全面检验工作，发现并精准维修超标缺陷，及时消除隐患；

(4)常态化做好腐蚀监测、定点测厚、管线打开检查等工作，完善腐蚀监测体系；

（5）推进管道漏磁内检测应用，掌握18条集输干线腐蚀状况，精准维修管段21处，共计146米；

（6）推进非金属管应用，累计使用791km，从本质上提升防腐效果。

7.4.2 形成容器"六位一体"内防腐管理长效机制

（1）发布了一套内防腐施工指导手册，做到三个明确，实现三个标准化

为了有效解决施工队伍和作业人员执行标准不统一、技能参差不齐的问题，油田参照了16项国家和行业技术标准，结合油田实际编制了《容器内防腐指导手册》和《容器内防腐施工方案标准模板》，做到三个明确，实现三个标准化：一是明确了施工准备过程中人员技能、工器具配备、方案编制基本要求；二是明确了容器检修前的涂料配比、试板制作、试板涂装和检测的技术要求；三是明确了容器开罐、清淤、喷砂除锈、防腐施工、养护、牺牲阳极安装、封罐验收等全过程的施工技术要求。实现了检修方案标准化、检修过程标准化、现场验收标准化。

（2）固化了一批优质的内防腐材料品牌

为有效解决容器内防腐涂料品牌杂、厂家多、执行标准难的问题，自2017年开始，油田全面使用中石油内部优势企业的内防腐涂料，结合现场实际工况条件，有针对性地选择防腐涂料型号，含硫工况选择耐酸涂料，高温环境选择耐高温涂料，严格按照厂家说明书和施工方案进行防腐施工；选择具备油田准入资质厂家的牺牲阳极，到货后严格验收，同时委托第三方检测单位进行抽检，确保牺牲阳极化学成分、电容等各项指标在标准范围内。近年来，上述防腐材料已累计用在220台设备上，目前尚未发现质量问题，为有效提升内防腐使用寿命奠基。

（3）培养了一批稳定的内防腐施工队伍及人员

油田站外容器分散，需要配置足够的机具和人员，站内容器集中，要兼顾检修周期和检修质量，需要高效的检修施工组织，同时，站内外检修均需要大量技术过硬的防腐施工人员。油田充分考虑站内外不同特点，结合检修队伍自身优势和经验，近6年选择了3家经验丰富、责任心强的检修施工队伍和1家腐蚀防护专家队伍建立长期稳定合作关系。同时还针对检修施工人员建立了一套规范的培训考核办法，扎实开展人员能力评估工作，将理论和实操培训考核相结合，对考核合格的人员颁发防腐施工作业上岗证，杜绝无证上岗，开工前严格开展试板试

验，确保施工工艺参数满足要求，自 2016 年至今先后培养了 12 名具备 4 年以上防腐施工经验的作业人员，检修队伍和作业人员的业务能力有效得到保障。

(4)总结了一套有效的施工典型经验

针对以往检修过程中发现的局部缺陷，现场通过近 5 年的实践改进，形成了一系列内防腐施工典型做法。一是制定容器内防腐施工 12 步标准作业法，确保检修人员严格按规范程序操作，杜绝自选动作；二是建立"施工单位自检＋第三方专业队伍监督检查＋用户验收检查"的"三检"制度，确保检修质量步步受控；三是制定人孔密封面保护"五步法"，有效解决人孔防腐因表面粗糙度不够导致黏结力不足的问题和喷砂除锈容易损坏密封面的问题；四是建立牺牲阳极从入场到安装"五步作业法"，确保牺牲阳极质量合格、安装规范、保护有效。

(5)建立了一套"三精"集中检修的组织模式，精心准备、精密组织、精简投入

油田容器分布点多、线长、面广，为有效解决站外检修人员往返距离长、检修效率低、施工周期长、安全质量管控难度大的问题，油田积极探索在本质安全和提质增效之间的平衡点，经反复研究，提出了站外容器"三精"集中检修组织模式。精心准备：两个采油气作业区根据生产情况，提前摸排现场备用容器 25 台，按照容器材质、规格型号、使用年限、内防腐状况等要素分类建账，对容器的安全状况进行总体评估，确保备用设备随时待命。精密组织：将所有备用容器分别回收至东部和西部集中维修点，筛选同停产检修计划中相同型号容器，在装置停产检修前 3 个月组织维修，确保容器内防腐得到足够养护，停产检修期间将维修完成的备用容器替换现场待修容器，实现精准检修。精简投入：通过推进集中检修，科学优化承包商的人员、机具数量，最大限度发挥有限的力量；缩减人员往返现场和驻地的无效工作时间，检修效率显著提高，单台设备检修周期缩短 3天，平均检修成本降低 1.6 万元；现场高危作业次数、作业风险和安全管控难度明显降低，属地安全监护投入有效精简。

(6)形成了一套容器内防腐"六年一周期"的管理策略

为摸清容器内防腐失效规律，油田通过收集自 2012 年至今的容器检修记录，逐步建立健全了 406 台内防腐容器检修档案，详细记录每台容器历年检修开罐清淤情况、内涂层完好状况、牺牲阳极消耗情况、母材腐蚀情况及维修记录等信息，真正做到对每台容器内部情况"心中有数"，准确制定停产开罐检修计划，实

现精准检修。年度检修结束后召开专业技术讨论会，系统分析近5年开罐检修数据，科学预判今后5年内的开罐需求，形成了单台容器"第一年整体重做防腐、打好基础，第二年检修不开罐、优化工作量，第三第四年局部抽检、查找问题，第五年全面开罐检查、分析总结"的五年周期管理策略，通过不断强化总结分析，逐步实现容器内防腐全生命周期的管理目标。

7.4.3　实现地面系统安全和效益双提升

传统的检验无法有效地发现局部腐蚀，刺漏较多时，只能整体更换管道，其成本非常高，但按照压力管道全面检验要求，每年对工业管道开展全面检验，对集输管道开展完整性检测评价，进行内检测，对发现的缺陷开展了维修，并经过精准维修、精准更换，及时消除了风险的同时，还能够降低成本。

7.4.4　特色技术设备应用取得显著成效

(1)无人机多场景应用取得成效。在沙漠地区传统勘探测量劳动强度大、费用高、耗时长、往返距离远，应用无人机对管道进行巡线、管道高后果区巡检、沙漠井和长关井巡井、矿权巡查、检维修、环保检查、草方格验收、GIS数据采集并录入A4系统、无人机航测替代常规测量等，可以降低劳动强度；生成正射影像及高程模型，满足设计精度要求；实现站场布局、路由选择的可视化。

(2)非金属管应用。通过应用柔性管和玻璃钢管，形成不同工况下非金属管现场应用体系，柔性复合管具有耐腐蚀性能好、表面光滑、输送阻力小，重量轻、可弯曲、安装运输方便，使用寿命长、制作成本、维修成本低，隔热性能好等特点，在沙漠地区对于含硫工况采用825接头，不含硫的采用2205接头；玻璃钢管根据最小壁厚要求，细化施工措施。

(3)站场RBI、SIL、在线状态监测与故障诊断系统等应用。通过精准识别装置风险，提升本质安全。

第8章 管道和站场完整性管理发展愿景

8.1 完整性管理发展趋势

随着管道和站场的不断精细化、智能化，传统管理理念和方法已无法满足对管道和站场设备设施的安全性、可靠性、经济性日益严格的要求，通过"完整性管理"的理念和方法，通过分析评价以提高决策效率，运用信息化和智能化手段，实现管道和站场安全性、可靠性、经济性三者的最优平衡的目标。未来完整性管理的发展必须紧紧围绕管道本质安全和公共安全风险控制，全面实现管网的高效运行和安全管控，保障能源供给。在管道完整性技术层面上将基于全生命周期的智慧管网的风险控制机制、全面实现系统智能化数据采集、风险因素精准识别、系统自适应反馈与控制、高精度的完整性检测评价等，最大限度降低失效概率，减少次生灾害发生。

基于我国现阶段的科技创新能力建设上，建立以油气设施安全、完整性、大数据及工程实践为主体的研究中心，瞄准世界前沿技术，实现研发技术产业化。依托于优势学科开展技术研究工作，从管道工艺实验、管道安全实验、管道材料实验、管道防腐实验、管道环保实验、管道完整性实验、管道焊接实验、管道内检测实验、维抢修技术与装备材料实验、动力诊断实验、指挥官到信息安全实验等方面展开研究，用于油气管道和站场安全与完整性领域主体技术的研发。

中石油从风险控制、风险评价、风险监控三个方面制定未来"十四五"规划目标，到"十四五"末，实现油气田Ⅰ类、Ⅱ类以及Ⅲ类管道完整性管理全覆盖，每年管道失效率不超过 0.05 次/km，建成一批"无泄漏示范区"，突破关键技术，编制国家和国际标准，实现重大风险预警和失效智能诊断，达到完整性管理智能化水平。预计到 2035 年，实现油气田地面系统完整性管理全覆盖，每年管道失效率不超过 0.01 次/km，"高后果区和高风险"管道全面实现无泄漏，油气田地面生产系统达到失效风险全方位感知、综合性预判、一体化管控、自适应优化，实现智慧化管理。

8.2　一流的完整性管理

　　多年实践结果表明，完整性管理是提升本质安全、实现油气田地面系统高效运行、降低开发成本的有效手段。"十四五"期间，中石油将瞄准"一流管理、一流人才、一流技术、一流方法"的完整性管理长远发展目标，进一步提升完整性管理水平，加快"无泄漏示范区"建设，推动提质增效工作有效开展，努力实现世界一流综合性能源示范企业完整性管理目标。

　　塔里木油田公司结合股份公司的管理目标，抓住率先建成世界一流现代化大油气田的历史机遇，迎接管道和站场完整性管理面临的挑战，深入贯彻管道和站场完整性管理历次推进会精神，全力以赴开展一流完整性管理建设，实现与公司其他管理体系融合、一体化运营，实现国际一流的完整性管理，而一流的完整性管理需要从战略目标、组织、体系、平台、数智、技术等六个方面全面建设和开发完整性管理工作。（如图 8-1 所示）

图 8-1　一流完整性特点

8.2.1　一流的战略目标

战略目标是对企业战略经营活动预期取得的主要成果的期望值，战略目标的设定，同时也是一个企业宗旨的展开和具体化，是企业宗旨中确认的企业经营目的、社会使命的进一步阐明和界定，是企业在既定的战略经营领域开展战略经营活动所要达到的水平的具体规定。战略目标具有宏观性、长期性、相对稳定性、全面性、可分性、可接受性、可检验性、可挑战性等特点，塔里木油田公司为保障其战略目标具有以上特性，对标一流能源企业完整性管理特征指标，制定适用于该油田公司的战略指标和分项指标，建立以目标指标为导向的工作机制，主要从体系完整性、管理科学性、数据完整性、运行机制流畅性、组织与人员完整性、绩效指标领先、技术先进性、人才合理性、装备先进性、智能化水平高、风险控制可接受、项目管理水平高等 14 项特征指标来进行，明确的一流能源企业完整性管理指标是建立健全完整性管理的要素、方法工具。完整性管理指标有：建立完整性管理职责、目标、工作计划和开展绩效考核，如"完整性考核指标"；完整性管理数据齐全准确率 100%，如"管道壁厚"；完整性管理工作完成率 100%；完整性管理组织健全 100%、人员到位率 100%；管道失效率控制；标杆企业、高等级标准数量、接待次数；专利数量、技术完整性；人才队伍数量和结构、专家数量；设备无缺陷、新度系数；数据采集率 100%、自动化配置率 100%、安全联锁投用率 100%；无重大风险(隐患)、问题整改率 100%、变更管理率 100%；投产成功率 100%、投运前安全检查问题整改完成率 100%。

8.2.2　一流的组织

组织是为了实现目标而存在的，具有综合效应，这种综合效应是组织中的成员共同作用的结果，组织管理就是通过建立组织结构、规定职务或职位、明确责权关系，以使组织中的成员互相协作配合、共同劳动，有效实现组织目标的过程。良好的组织管理系统是能够给企业带来长期利润、提高管理的成熟度、规避企业的风险，并能够激活各级人才的管理系统。塔里木油田公司为力争形成一流的完整性组织，建设高水平的管理组织、高水平的技术团队、高质量的服务队伍，提出组织建设三部曲：强化组织，提升能力，建设团队。

（1）第一步强化组织。建立健全组织机构，要深化完整性管理"一到位三配套"，即专职人员配备到位，岗位职责描述、岗位能力清单、岗位工作清单要配套，充分调动各个管理层级，各专业、多种资源共同参与到完整性管理建设之中，对组织中的全体人员制定职位，明确各个岗位承担的职责和工作内容，通过各岗位之间的有机配合、相互协作，进一步推动完整性管理建设工作的有序进行。

(2)第二步提升能力。提升完整性管理能力，要通过建立健全人才培养机制，充实内部兼职培训师队伍，加大对完整性管理人员的培训力度，按照完整性管理建设构成的不同阶段，组织开展不同层级、不同专业的管理人员和技术人员的培训工作。与企业现有的培训计划相结合，采用专家讲课、专项研讨、实操实练、参观交流等多种方式进行，特别是风险管理、体系运行管理等相关专业知识，通过系统地学习完整性管理知识，提高专业管理人员的体系思维意识和专业技术水平，取得完整性管理技术证书，保证完整性管理人员持证上岗。根据对完整性管理人员能力情况建立完整性管理专家评价体系，建设完整性管理专家库。同时也能做好完整性管理体系的全员宣贯工作，让企业职工全员参与能够更好地推进体系建设工作的开展。

(3)第三步建设团队。在完整性管理团队建设方面要根据自己企业的特点，利用现有的完整性管理人力资源或者外聘专家，培养完整性管理队伍，建设信息化、智能化团队，并建立由工艺、设备、安全、腐蚀、维检修等专业的技术人员组成完整性管理技术团队，通过不断学习完整性管理专业技术知识，逐步优化完整性管理技术团队水平，并与其发展为长期的专业服务队伍，负责完整性管理建设中本专业的工作内容，实现专业管理与完整性管理的深度融合。

8.2.3　一流的体系

结合油田公司以往实践经验，以完整性理念为导向、组织机构为保障、体系文件为规范、配套技术为手段、完整性管理平台为工具，构建基于计划（Plan）——执行（Do）——检查（Check）——改进（Action）为管理模式的全生命周期油气田管道和站场完整性管理体系。通过对标先进企业，进行短板分析，修订完善完整性管理体系文件，配套制定科学合理的体系要素共 13 个，优化管理要求，发挥领导作用，明确领导层的职责和权限，从企业的顶层设计来保证管道和站场完整性管控体系在管理上层得到贯彻是确保体系运行效果的首要任务，通过对完整性管理的流程的规范与管控，确保相关作业执行的高效准确；通过不断地检查改进，确保管道和站场完整性管理水平不断提升，并促进管道和站场运行状态感知得及时和有效，最终形成基于 PDCA 为管理模式的全生命周期油气田管

道和站场完整性管理体系。

8.2.4　一流的技术

针对设计、数据采集与应用、监/检测、分析与评价、维修维护、腐蚀防护等关键技术，深入开展科研攻关，打造一流技术体系。落实设计制造阶段完整性技术要求，设立完整性管理技术研究项目，优化完整性技术服务管理加强大数据技术应用，探索高精度检测评价技术，完善完整性技术体系。

8.2.5　一流的平台

管道和站场完整性管理平台就是针对完整性管理的一系列工作内容，包含了一套具有规定性、强制性、科学性的管理体系和技术体系当下时代。随着数字化技术、大数据分析、物联网等技术的发展，完整性管理面临着进一步的发展，通过物联网、云计算、大数据以及移动应用技术的运用，增强管道和站场完整性管理的全方位感知能力，基于数据流和业务流，构建建立一体化的管道和站场完整性智慧管理平台，智能化完整性管理系统，业务模块具备通用性和可推广性，内外部数据全面融合，实现完整性数据信息化、标准化、规范化、可视化管理，提升管道完整性数据管理水平。

平台基于管道和站场完整性管理业务及流程，通过对信息的深度挖掘利用、智能化分析和可视化应用，运用知识图谱、在线诊断、智能大脑、智能识别、图像识别等技术平台及方法，以一体化智能调控系统、一体化安全预警系统、一体化应急指挥系统为基石，建立"空、天、地"现场智能检测/监测一体化平台，按需对管道本体、线路周边及站场设备全天时、全天候地监测，达到智能报警、泄漏报警、风险识别、安全预警的作用。以合规、具有可操作性为要求，通过数据自动关联、对齐，并进行自主学习、改进为循环，对管道和站场进行智能风险评估，建立风险识别、自主评价模型，自主关联实现智能风险评估的一体化智能风险评估平台。

8.2.6　一流的数智

数字化、智能化管理是完整性管理全面发展的必然趋势，随着网络技术、智能设备设施等的发展，以业务为驱动，搭建数据流与数据湖，通过平台集成应用，腐蚀防护、监/检测、专项评价、维修维护等数据由"可视化"向"智能化"转变，通过云设计、云项目管理、智慧工程物资供应、数字化移交、数字孪生、智慧工地等平台实现油气田管道和站场建设期智慧孪生；通过智能控制、智能调度（工况诊断/报警分析/智能预警）、管网全局优化、批次跟踪、在线仿真模拟、管容/剩余能力计算/智能现场作业（AR/机器人）等实现管道和站场运行期智能优化；通过设备在线诊断、预知性维修维护、管道安全监测技术、风险智能识别与评价、智能巡检、在役管道数字化等实现完整性管理智能可控。

8.3　完整性管理理论发展演变

　　以"六步法"为依据，在探索形成油气田管道和站场完整性管理初级、中级和高级三个发展阶段的基础上，摸清现状、定位未来，为完整性发展指明方向。（如图 8 - 2 所示）

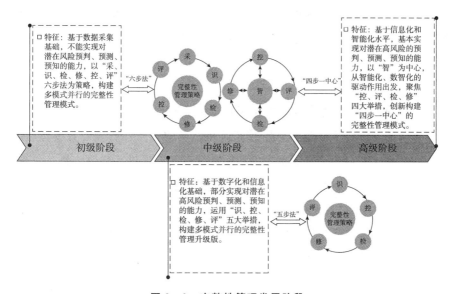

图 8 - 2　完整性管理发展阶段

8.3.1　初级阶段

管道和站场完整性管理初级阶段的发展阶段是通过数据采集来进行数据采集

库的丰富与完善，逐步建立完整性管理系统平台。基于管道的业务需求和生产状况，并以管道完整性管理的规范标准为依据，结合国内外相关工作经验，制定完善的数据模型，以满足管理需求。通过该数据模型的建立，我们可以采集管道完整性管理数据，并为管道建设和管道运行做好准备。将管道在寿命运行全过程以"采、识、检、修、控、评"六步法为管道和站场完整性管理策略，从而构建多模式并行的完整性管理模式。

具体表现为：通过对基础数据进行采集，对潜在风险部位、双高管道进行识别，再根据风险识别结果进行检验检测及维修维护，结合"识、检、修"三个步骤的结果作为输入，制定风险控制措施或减缓措施，并对整个管理过程进行效能评价与管理评审，进而对相关数据信息进行收集整合。现在我们的完整性管理模式就处于初级阶段。

8.3.2　中级阶段

随着初级阶段完整性管理"六步法"管理模式的循环往复，基于完整性管理数据的信息化，以及对所有完整性管理相关信息进行整合，部分实现对潜在高风险预判、预测、预知的能力，建成了较为完善的完整性管理一体化系统平台，已经发展成运用"识、控、检、修、评"五大举措构建多模式并行的完整性管理升级版。

主要表现为：当完整性管理数据平台已能够实现对管道和站场的数据进行智能识别与调用，已经不需要再另外对管道和站场的完整性管理的数据进行采集，只需通过对系统平台相关数据信息的调用对管道和站场进行风险识别，并根据大数据对相似相同的问题制定风险消减、防范措施，根据控制措施，开展检验检测以及维修维护，再对"识、控、检、修"的管理过程进行效能评价与管理评审，对发生的问题进一步地优化以及完善，进一步提高完整性管理的方式方法，并持续完善建成完整性管理一体化系统平台。

8.3.3　高级阶段

伴随着生产管理和信息化的深度融合，高级阶段的数据已经保证了规范性和全面性，通过对大数据制定提取和实时更新方向的发展，根据管理者需要智能决策的需求，对潜在高风险的预判、预测、预知，实现数据全面统一、系统融合互联、运行智能高效，以"智"为中心，从智能化、数智化的驱动作用出发，聚焦"控、评、检、修"四步一中心的完整性管理模式。

具体表现为：在强大且完善的一体化系统平台下，对于所有已建成的管道和站场能够智能化地对各管道和站场在运行过程中出现的风险制定消减措施或者防范措施，明确各岗位的工作内容，并实施智能推送，结合工作开展情况进行效能评价和管理评审，根据其结果开展相应的完整性管理检验检测与维修维护，并且伴随着完整性管理技术的不断提升与完善，能对完整性管理的控制措施或者风险消减措施进行改进，从而达到完整性系统平台智能化管理。

附录 A 油气田管道效能评价分项指标

	效能指标		计算公式	所需数据	单位	备注
1. 完整性管理效益	1	百公里管道资金投入量	$f(x)=$（本年更新改造维护费＋本年检测评价费）/年初所辖管道长度	本年更新改造维护费	万元	管道更换费用和缺陷修复费用
				本年检测评价费	万元	内检测、直接评价、定期检验等费用
				年初所辖管道长度	km	不包括站场管道
	2	投入产出比	$f(x)=$（年度更新改造费＋年度检测评价费）/［所辖管道长度 *（起始年失效率－今年失效率）* 单次失效费用］	起始年失效率	次·$(km·a)^{-1}$	2017 年油田失效率为 0.0181 次·$(km·a)^{-1}$
				今年失效率	次·$(km·a)^{-1}$	
				单次失效费	万元	
	3	管道更新改造维护费用下降率	$f(x)=$（上年度更新改造费－本上年度更新改造费）/上年度更新改造费	上年度更新改造费	万元	
				本年更新改造维护费	万元	
2. 人员	4	百公里专兼职完整性管理人员数	$f(x)=$（所属专职＋兼职人员数量）×100/所辖管道长度	专职人员数	个	
				兼职人员数	个	
				年初所辖管道长度	km	

效能指标		计算公式	所需数据	单位	备注
3.失效率	5	失效率	$f(x)=$失效次数/所辖管道长度	失效次数	次	
				年初所辖管道长度	km	
4.工作方案	6	高后果区识别年度计划完成率	$f(x)=$已识别管道条数/计划识别条数	已识别管道条数	条	
				计划识别条数	条	
	7	风险评价年度计划完成率	$f(x)=$开展风险评价管道条数/计划风险评价条数	开展风险评价管道条数	条	
				计划风险评价条数	条	
	8	内检测计划完成率	$f(x)=$开展内检测管道条数/计划内检测条数	开展内检测管道条数	条	
				计划内检测条数	条	
	9	直接评价计划完成率	$f(x)=$开展直接评价管道条数/计划直接评价条数	开展直接评价管道条数	条	
				计划直接评价条数	条	
	10	定期检验计划完成率	$f(x)=$开展定期检验管道条数/计划定期检验条数	开展定期检验管道条数	条	
				计划定期检验条数	条	
	11	年度改造计划完成率	$f(x)=$开展改造项目完成数/计划改造项目数	开展改造项目完成数	个	
				计划改造项目数	个	
	12	清管计划综合完成率	$f(x)=$实际清管完成管道条数/计划清管管道条数	实际清管完成管道条数	条	每条管道的清管次数均按计划完成
				计划清管管道条数	条	
5.数据采集和管理	13	在役管道数据采集完整率	$f(x)=\sum$管道2.0系统数据量/$\sum$管道基础数据项总数			
	14	新建管道数据采集完成率	$f(x)=\sum$管道2.0系统新录入数据量/$\sum$管道基础数据项总数			

续表

		效能指标	计算公式	所需数据	单位	备注
6. 高后果区识别与风险评价	15	高后果区管段长度占比	$f(x)=$高后果区管段总长度/所辖管道长度	高后果区管段总长度	km	
				年初所辖管道长度	km	
	16	高后果区管道泄漏监测设施覆盖率	$f(x)=$高后果区数量/有泄漏监测设施的高后果区	高后果数量	个	包括可燃气气体、摄像头等可及时发现泄漏的措施
				有泄漏监测设施的高后果区数量	个	
	17	高风险管道长度占比	$f(x)=$本年高风险管道长度/所辖管道长度	高风险管道总长度	km	
				年初所辖管道长度	km	
	18	双高管道长度占比	$f(x)=$本年双高管道长度/所辖管道长度	本年双高管道长度	km	
				年初所辖管道长度	km	
7. 检测评价	19	检验周期内内检测覆盖率	$f(x)=$检验周期内内检测管道长度/需作内检测管道总长度	检验周期内内检测管道长度	km	
				需作内检测管道总长度	km	
	20	立即修复缺陷点数量占比	$f(x)=$年累计立即修复缺陷数量/年累计总缺陷数量	年累计立即修复缺陷数量	个	
				年累计总缺陷数量	个	
	21	检验周期内定期检验覆盖率	$f(x)=$周期内开展定期检验管道长度/所辖管道长度	周期内开展定期检验管道长度	km	
				年初所辖管道长度	km	
	22	直接评价覆盖率	$f(x)=$周期内开展直接评价管道长度/(所辖管道长度−检验周期内内检测管道长度)	周期内开展直接评价管道长度	km	
				年初所辖管道长度	km	
				检验周期内内检测管道长度	km	

	效能指标	计算公式	所需数据	单位	备注
8. 维护维修	23	缺陷修复率	$f(x)$ = 本年缺陷修复数/本年应修复缺陷总数	本年缺陷修复数	个	
				本年应修复缺陷总数	个	
	24	管道更换率	$f(x)$ = 本年更换管道长度/高风险管道总长度	本年更换管道长度	km	
				高风险管道总长度	km	
	25	缓释剂加注率	$f(x)$ = 加注缓蚀剂管道长度/碳钢管道总长度	加注缓蚀剂管道长度	km	
				碳钢管道总长度	km	
	26	平均缓蚀率	$f(x)$ = (未加注平均腐蚀速率－加注后平均腐蚀速率)/未加注平均腐蚀速率	未加注平均腐蚀速率	mm/a	
				加注后平均腐蚀速率	mm/a	
	27	阴极保护率	$f(x)$ = 设置阴极保护管道总长度/碳钢管道总长度	设置阴极保护管道总长度	km	
				碳钢管道总长度	km	
	28	阴极保护有效率	$f(x)$ = 检测合格保护桩数量/阴极保护桩总数量	检测合格保护桩数量	个	
				阴极保护桩总数量	个	

附录 B 塔里木油田公司管道和站场完整性管理体系审核清单

要素	审核项	审核内容	评分项	评分说明
1. 有感领导（74分）	1.1 领导与承诺（38分）	1.1.1 将完整性管理工作列入年度重点工作之一（7分）	1.1.1.1 将完整性管理工作制定年度工作计划或列入年度工作计划（3分）	审核二级单位、基层站队： （1）将完整性管理工作制定年度工作计划或列入年度工作计划，得 1 分，未列入年度工作计划，不得分； （2）是否明确年度完整性工作内容，责任部门或岗位，并定期跟踪工作计划执行情况、落实动态管理，得 2 分；否则，不得分
			1.1.1.2 各单位（年或季度）会议中应涵盖完整性工作内容（2分）	审核二级单位、基层站队： 本单位层面（年或月或季度）会议中涵盖完整性管理工作内容 3 次以上得 2 分，3 次得 1 分，2 次及以下不得分
			1.1.1.3 每年至少举办一次完整性管理工作专项推进会议（2分）	审核二级单位、基层站队： 每年至少举办一次完整性管理工作专项推进会议。符合要求，得 2 分；否则，不得分
		1.1.2 主要领导、主管领导熟悉并贯彻落实完整性管理职责（25分）	1.1.2.1 落实本岗位完整性职责，亲自组织或参与各类完整性活动，并为完整性管理提供资源保障（5分）	审核二级单位、基层站队： （1）各级领导认真落实本岗位职责，亲自组织或参与各类完整性活动，全部做到，得 3 分；其他情况，如对人员配置和培训、风险评价、检测评价、维修维护等费用，全部做到，得 2 分；其他情况，由审核员判断得 0～2 分； （2）为完整性管理提供资源保障，如对人员配置和培训、风险评价、检测评价、维修维护等费用，全部做到，得 2 分；其他情况，由审核员判断得 0～1 分

续表

要素	审核项	审核内容	评分项	评分说明
1. 有感领导（74分）	1.1 领导与承诺（38分）	1.1.2 主要领导和分管领导熟悉并贯彻落实完整性管理职责（25分）	1.1.2.2 督促指导直接下属行完整性职责（4分）	审核二级单位、基层站队： (1)了解直接下属的完整性工作内容、全部做到，得2分；其他情况，由审核员判断得0~1分； (2)督导、考核下属完整性履职表现、辅导下属进改进提升、全部做到，得2分；其他情况，由审核员判断得0~1分
			1.1.2.3 熟悉并带头遵守完整性相关法规标准，掌握适用内容和工具、方法（4分）	审核二级单位、基层站队： (1)熟悉法规规定的主要负责人的完整性职责、全部做到，得2分；其他情况，由审核员判断得0~1分； (2)熟悉管理标准的管理要点和工具方法，并得到有效应用、全部做到、得2分；其他情况，由审核员判断得0~1分
			1.1.2.4 掌握本单位管道和站场的主要安全风险、相应的风险缓解措施（6分）	审核二级单位、基层站队： (1)主管领导接受访谈，得1分；否则，不得分； (2)掌握管道失效率情况，得1分；否则，不得分； (3)掌握管道泄漏存在的风险，得1分；否则，不得分； (4)掌握针对管道泄漏采取的措施，得1分；否则，不得分； (5)掌握完整性管理工作部署，得1分；否则，不得分； (6)掌握完整性管理人员及资金安排，得1分；否则，不得分
			1.1.2.5 掌握本单位完整性管理年度指标，进度完成情况及主要存在问题和改进方向（6分）	审核二级单位、基层站队： (1)掌握本单位完整性管理年度指标，包含失效情况等，得2分；否则，不得分； (2)掌握本单位完整性管理进度完成情况，得2分；否则，不得分； (3)掌握本单位完整性管理主要存在问题和改进方向，得2分；否则，不得分

续表

要素	审核项	审核内容	评分项	评分说明
1. 有感领导（74分）	1.1 领导与承诺（38分）	1.1.3 第一责任人制定并公示，相关人员了解完整性承诺内容（6分）	1.1.3.1 行政正职代表签署了完整性承诺，内容包含遵守法律法规等要求并符合本单位实际（2分）	审核二级单位、基层站队：(1)行政正职代表签署了完整性承诺并签署"审核内容"不得分；(2)完整性承诺的内容包含遵守法律法规等要求，并符合本单位实际。全部满足，得1分；否则，不得分
			1.1.3.2 每年至少开展一次完整性管理宣贯（2分）	审核二级单位、基层站队：每年至少开展一次宣贯。全部满足，得2分；否则，不得分
			1.1.3.3 相关人员了解完整性承诺的主要内容（2分）	审核二级单位、基层站队：抽查两名相关人员，均全部了解完整性承诺的主要内容，得2分；一人了解，得0.5分，低于50%了解，不得分。50%及以上了解
	1.2 资源支持（36分）	1.2.1 配备完整性管理专职人员（5分）	1.2.1.1 配备满足工作需求的完整性管理专职人员（3分）	审核二级单位：按规定配备满足工作需求的完整性管理专职人员。符合要求，得3分；其他情况，由审核员判断情况0~2分
			1.2.1.2 完整性管理专职人员整体业务背景等能力满足岗位履职需要（2分）	审核二级单位：完整性管理专职人员的专业覆盖盖面，业务背景等能力满足项目人员满足工程管理需要。符合要求，得2分；其他情况，由审核员判断0~1分
		1.2.2 保障完整性管理活动所需资金（16分）	1.2.2.1 编制年度完整性管理费用使用计划（5分）	审核二级单位：(1)编制年度完整性费用预算，并经审核审批。做到得3分；否则，不得分；(2)费用预算充分考虑完整性目标指标，体系建设、能力培训、高后果区识别和风险评价、检验检测、维修维护等工作。做到得2分；其他情况，由审核员判断得0~1分

续表

要素	审核项	审核内容	评分项	评分说明
1. 有感领导（74分）	1.2 资源支持（36分）	1.2.2 保障完整性管理活动所需资金（16分）	1.2.2.2 监督检查完整性专项资金使用（5分）	审核二级单位：监督检查完整性专项资金的使用情况，做到专款专用。符合要求，得5分；否则，此"审核项"不得分
			1.2.2.3 完整性管理决算投资与方案投资的一致性（6分）	审核二级单位：（1）工程决算投资不高于方案投资，3分；（2）工程根据节约资金比例赋分，3分
		1.2.3 工用具、设备资源配备（3分）	1.2.3.1 工用具、设备资源能够保证完整性管理工作实施（3分）	审核二级单位、基层站队：配备能够保证日常维护、巡检、检测、维修维护等工作所需资源，全部符合，得3分；其他情况，由审核员判断得0~2分
		1.2.4 建立健全完整性管理文件（12分）	1.2.4.1 建立健全完整性管理体系文件（12分）	审核二级单位：（1）建立完整性管理办法，包括原则及目标，管理机构与职责、建设期完整性管理、运行期完整性管理、运行机制和保障，完整性管理工作报告、检查考核等内容，3分；（2）建立健全完整性管理标准规范体系，3分；（3）建立健全完整性管理体系文件，包含总则、程序文件、作业文件等，每项2分
2. 方针与目标（20分）	2.1 完整性方针（3分）	2.1.1 组织宣贯油田完整性理念、原则、方针，相关人员清楚完整性方针基本内容（3分）	2.1.1.1 每年至少开展一次油田完整性理念、原则、方针的宣贯，员工及相关方了解本单位完整性方针基本内容（3分）	审核二级单位、基层站队、承包商：（1）完整性理念、原则、方针传达至所有员工和相关方，全部做到，得1分，未做到不得分；（2）相关人员了解完整性方针的基本内容和主要内涵，得2分；50%及以上了解，得1分，低于50%了解，不得分

续表

要素	审核项	审核内容	评分项	评分说明
2. 方针与目标（20分）	2.2 完整性目标（17分）	2.2.1 根据上级完整性下达目标指标、结合单位实际、制定本单位年度目标指标并分解落实（15分）	2.2.1.1 主要领导亲自组织制定本单位完整性管理目标指标、领导、管理人员清楚本单位完整性管理目标指标（6分）	审核二级单位： （1）主要领导亲自组织制定本单位完整性管理目标指标、全部做到、得2分；其他情况、由审核员判断得0~1分； （2）制定的完整性工作指标可量化、可达到、全部做到、得2分；其他情况、由审核员判断得0~1分； （3）领导、管理人员清楚本单位完整性目标指标、全部清楚、得2分；80%及以上清楚、得1分；低于50%清楚、不得分
			2.2.1.2 完整性目标指标得到层层分解并落实（3分）	审核二级单位、基层站队： （1）对完整性目标指标进行层层分解并落实到位、全部做到、得1分；否则、不得分； （2）全员清楚本岗位完整性目标指标、全部清楚、得2分；50%及以上清楚、得1分；低于50%清楚、不得分
			2.2.1.3 完整性目标指标应在相应业务部门或岗位业绩合同中体现（1分）	审核二级单位、基层站队： 完整性目标指标应在相应业务部门或岗位业绩合同中体现、全部做到、得1分；否则、不得分
			2.2.1.4 定期对完整性管理目标指标完成情况进行跟踪、至少每半年开展一次综合分析（5分）	审核二级单位、基层站队： （1）定期对完整性目标指标完成情况进行跟踪、全部做到、得3分；其他情况、由审核员判断得0~2分； （2）至少每半年开展一次完整性目标指标完成情况综合分析、根据分析结果及时进行调整优化、全部做到、得2分；其他情况、由审核员判断得0~1分
	2.2.2 定期对完整性目标指标完成情况进行考核（2分）		2.2.2.1 定期对完整性目标指标完成情况进行考核（2分）	审核二级单位、基层站队： 定期对完整性目标指标完成情况进行考核、全部做到、得2分；其他情况、由审核员判断得0~1分

续表

要素	审核项	审核内容	评分项	评分说明
3. 法规与标准(26分)	3.1 法律、法规和标准的收集、宣贯(12分)	3.1.1 收集、整理完整性法规制度相关法规及标准并及时更新(6分)	3.1.1.1 明确责任部门、确定获取渠道，方式和时机，及时识别和获取，定期更新(4分)	审核二级单位： (1)建立识别和获取适用的完整性法律法规、标准及政府其他有关要求的管理制度，且内容完整、责任明确、流程清晰，由审核员判断得0~1分； (2)明确法律法规、强制性标准或推荐性标准的收集，获取的适宜渠道，如购买、网络、政府和上级部门下发等。符合要求，得1分；否则，不得分； (3)形成法律法规、标准及政府其他有关要求的清单和文本数据库，并定期更新。全部符合，得1分；否则，不得分
			3.1.1.2 开展完整性法律法规适用性分析，明确适用条款内容(2分)	审核二级单位： 结合业务特点，识别出适用法律法规条款。全部做到，得2分；50%及以上做到，得1分；低于50%做到，不得分
		3.1.2 将适用的法律法规、制度标准进行传达、宣贯(6分)	3.1.2.1 将适用及其他要求及时传达给相关方(1分)	审核二级单位： 采用适当的方式、方法、将适用的完整性法律、法规、标准及其他要求及时传达给相关方，全部做到，得1分；否则，不得分
			3.1.2.2 将完整性管理等法律法规、制度标准中的适用条款进行培训、宣贯(1统领+10支持+N配套)(5分)	审核二级单位、基层站队： (1)利用多种形式对适用的法律法规及制度标准等进行培训、宣贯(1统领+10支持+N配套)中的适用条款得0~1分，2分，其他情况，由审核员判断得0~1分； (2)了解有关适用法律法规的内容或要求。全部满足，得3分；80%及以上相关人员了解，得2分；50%~80%相关人员了解，得1分；低于50%相关人员了解，不得分

续表

要素	审核项	审核内容	评分项	评分说明
3. 法规与标准(26 分)	3.2 法律、法规和标准合规性评价(14 分)	3.2.1 按要求开展合规性评价工作(6 分)	3.2.1.1 结合审核检查、检测检验、事故事件分析、评价诊断、验收评估等各种信息，定期开展合规性评价工作(4 分)	审核二级单位： （1）定期开展了合规性评价工作。全部做到，得 1 分；发现两项及以上、未进行合规性评价，得 1 分，不得分； （2）合规性评价资料完整规范、输入信息全面、充分，输出结果明确，具体。全部做到，得 3 分；发现一项合规性评价资料不满足要求的问题，得 2 分；发现两项，得 1 分；发现三项及以上，不得分
			3.2.1.2 新法律法规、上级规章制度等出台后或组织机构、生产经营范围发生变化时，及时开展合规性评价工作(2 分)	审核二级单位： （1）新法律法规、上级规章制度等出台后及时开展合规性评价工作。全部做到，得 1 分；否则，不得分； （2）组织机构、生产经营范围发生变化时，及时开展合规性评价工作。全部做到，得 1 分；否则，不得分
		3.2.2 不合规事项及时得到识别和纠正(8 分)	3.2.2.1 管理、现场等涉及的不合规情况得到及时识别(3 分)	审核二级单位、基层站队： 管理、现场等涉及的不合规情况得到及时识别。全部做到，得 3 分；发现两处，得 2 分；发现三处及以上未识别出的一般不合规项的，得 1 分；及时识别出未识别出的严重不合规或上或企业存在 1 项及以上未识别出的一般不合规，不得分
			3.2.2.2 管理、现场等涉及的不合规情况得到及时纠正(5 分)	审核二级单位、基层站队： （1）针对管理不合规情况，相关职能部门及时完善相关管理制度或要求。全部做到，得 1 分；发现三项及以上，得 2 分；发现三项及时完善或要求未及时纠正，不得分； （2）针对现场不合规有效落实。全部做到，得 2 分；发现一项、现场得到有效落实。全部做到，得 2 分；发现两项及一项及以上严重不合规或一般不合规及一项及以上严重不合规或一般不合规未及时纠正，不得分

续表

要素	审核项	审核内容	评分项	评分说明
4. 管理策划（100分）	4.1 完整性管理方案（50分）	4.1.1 编制完整性管理年度工作方案（5分）	4.1.1.1 根据油田公司完整性总体指标和工作方案，结合本单位实际，编制完整性管理年度工作方案（5分）	审核二级单位： （1）结合油田公司完整性总体指标方案、做到得2分，否则，不得分。 （2）完整性管理年度方案明确了具体事项的责任人、完成时间、质量标准等。符合要求，得3分；其他情况，由审核员判断得0~2分。
			4.1.2.1 开展管道和站场完整性分类培训（1分）	审核二级单位、基层站队： 执行管道和站场完整性分类的管理人员经过相关培训。符合要求，得1分；否则，不得分。
		4.1.2 管道和站场完整性分类（8分）	4.1.2.2 完整性分类覆盖全面、准确（2分）	审核二级单位、基层站队： （1）按照完整性管理规定将管道和站场管理分类建台账，并与管道和站场完整性管理系统中保持一致，且覆盖全面。符合要求，得1分；否则，不得分。 （2）管道和站场完整性分类符合相关规定要求，并经过审核审批。符合要求，得1分；否则，不得分。
			4.1.2.3 管道和站场完整性分类台账及时更新（5分）	审核二级单位、基层站队： 按规定定期限对本单位管道和站场分类数据进行复核更新，录入管道和站场完整性管理系统平台。100%完成，5分；90%完成，4分；80%完成，2分；低于80%，0分。
		4.1.3 制定年度完整性管理工作计划并实施、实施及改进（5分）	4.1.3.1 管理人员、技术人员、操作人员等，以及相关部门参与（2分）	审核二级单位、基层站队： 查阅会议记录，完整性管理工作计划的制定、实施及改进需包含管理人员、技术人员、操作人员、运行（地灾）、基建（改线）等相关部门（管道保护）、安全（大修）、以及财务（大修）、各部门协同配合，体现业务主导，各部门协同配合，做到得2分；其他情况，由审核员判断得0~1分

续表

要素	审核项	审核内容	评分项	评分说明
4. 管理策划（100 分）	4.1 完整性管理方案（50 分）	4.1.3 制定年度完整性管理工作计划并跟踪、实施及改进（5 分）	4.1.3.2 定期跟踪，落实年度计划完成情况，并适时进行调整、改进（2 分）	审核二级单位、基层站队：定期跟踪，落实年度计划完成情况，并适时进行调整、改进，得 2 分；否则，不得分
			4.1.3.3 年度工作计划完成情况作为一项重要内容纳入年度考核中（1 分）	审核二级单位、基层站队：年度工作计划完成情况纳入年度考核中（1 分；否则，不得分
		4.1.4 编制管道和站场"一线一案、一区一案、一站一案"（17 分）	4.1.4.1 按照管道和站场完整性分类，编制"一线一案、一区一案、一站一案"，且明确工作负责人和要求（12 分）	审核二级单位、基层站队： （1）I 类管道编制"一线一案"，一类站场编制"一站一案"，II、III 类管道编制"一区一案"，二类、三类站场编制"一站一案"，且覆盖所辖管道和站场。符合要求，得 5 分；否则，此"审核项"不得分 （2）完整性管理方案内容符合相关要求。符合要求，得 2 分；否则，不得分 （3）完整性管理方案明确各项工作的负责人和要求，且相关人员清楚。符合要求，得 3 分；其他情况，由审核员判断得 0~2 分 （4）"一线一案、一区一案、一站一案"应每年更新一次。符合要求，得 2 分；否则，不得分
			4.1.4.2 新建、改造的管道和站场，及时编制或更新完整性管理方案（5 分）	审核二级单位、基层站队： （1）新建管道和站场在投运后一年内应编制完整性管理方案，管道和站场改造后应及时更新方案。符合要求，得 3 分；否则，不得分 （2）对有较大的管理变更，或管道和站场系统及周围环境发生较大变化等时，应及时更新完整性管理方案。符合要求，得 2 分；否则，不得分

续表

要素	审核项	审核内容	评分项	评分说明
4. 管理策划（100分）	4.1 完整性管理方案（50分）	4.1.5 完整性方案审核、审批、备案等符合相关要求（5分）	4.1.5.1 按照油田公司相关要求，对完整性方案进行审核、审批、备案（5分）	审核二级单位、基层站队： (1)将本单位管道和站场完整性管理年度工作方案上报油田公司完整性主管部门。符合要求，得2分；否则，不得分； (2)I类管道和站场完整性管理方案经油田公司的审核审批，II类、III类管道和站场完整性管理方案经过本单位审核审批，并上报油田备案，符合要求，得3分；否则，不得分
		4.1.6 严格执行完整性方案，定期跟踪、检查，并考核（5分）	4.1.6.1 按完整性方案要求组织实施，并定期检查、分析、考核（5分）	审核二级单位： (1)按照完整性方案要求组织实施，并定期检查实施情况。符合要求，得3分；其他情况，由审核员判断得0~2分； (2)定期检查完整性方案执行过程中存在的问题，及时制定相应措施，并将检查结果纳入年度考核。符合要求，得2分；其他情况，由审核员判断得0~1分
		4.1.7 编制完整性管理年度总结报告（5分）	4.1.7.1 根据完整性工作开展情况，编制完整性管理年度总结报告（5分）	审核二级单位： (1)每年对完整性管理工作进行总结，并结合实际，编制上报完整性管理年度总结报告。做到得3分；否则，不得分； (2)报告涵盖以下内容：实施情况及取得的成果，存在问题和改进措施，信息系统建设与运维，组织机构建设，下一年度工作计划等。做到得2分；其他情况，由审核员判断得0~1分
	4.2 "双高"管道和站场高风险部位管控管理策划（50分）	4.2.1 明确"双高"管段管理要求（18分）	4.2.1.1 建立双高"高后果区及高风险"管段管理制度，目职责明确，流程清晰，内容完整（3分）	审核二级单位： (1)制定"双高"管段相关管理要求，目职责明确，流程清晰，内容完整。做到得1分；否则，不得分； (2)相关人员清楚"双高"管段管理职责，流程及要求。全部清楚，得2分；低于50%清楚，得1分；50%及以上清楚，不得分

续表

要素	审核项	审核内容	评分项	评分说明
4. 管理策划（100分）	4.2 "双高"管道和站场高风险部位管理策划（50分）	4.2.1 明确"双高"管段管理要求（18分）	4.2.1.2 双高管段的治理（15分）	审核二级单位： （1）按照完整性管理规定的要求对Ⅰ类、Ⅱ类、Ⅲ类双高管道筛查，筛查范围包括新建投用管道，100%完成5分，90%完成4分，80%完成3分，70%完成2分，低于70%，0分； （2）定期对本单位高后果区管道识别数据进行100%复核，并将识别结果录入管道和站场完整性管理系统。做到得5分；否则，不得分； （3）根据筛查与复核结果，形成本单位管道高后果区识别报告。做到得5分；否则，不得分
		4.2.2 定期开展高后果区识别和风险评价（18分）	4.2.2.1 管道高后果区识别周期符合要求（5分）	审核二级单位、基层站队： 高后果区识别周期符合以下要求： （1）项目建设期间对高后果区识别； （2）新建管道投用后高后果区识别每半年内进行首次开展一次； （3）运行期高后果区识别每年开展一次； （4）管线最大运行操作压力变化时、沿线有新开发地区变化时，沿线有新建筑物或建筑性质发生改变时、沿线有新规划的工业区时，地区等级发生变化、输送介质变化、地区等级变化，纠正错误得5分；否则，不得分
			4.2.2.2 单位管辖范围内高后果区识别无遗漏（3分）	审核二级单位、基层站队： 本单位管辖范围内高后果区识别无遗漏。符合要求，得3分；否则，此"审核项"不得分
			4.2.2.3 高后果区管道识别报告（3分）	审核二级单位、基层站队： 高后果区管道识别报告，并将识别结果录入管道和站场完整性管理系统，符合要求，得3分；否则，此"审核项"不得分

续表

要素	审核项	审核内容	评分项	评分说明
4. 管理策划（100分）	4.2 "双高"管道和站场高风险部位管理策划（50分）	4.2.2 定期开展高后果区识别和风险评价（18分）	4.2.2.4 管道和站场风险评价周期符合要求（4分）	审核二级单位、基层站队： 风险评价周期符合以下要求： (1)结合危害因素识别，开展地质灾害、"四新"、缓蚀剂筛选和效果、第三方破坏等风险评价； (2)建设期I、II类管道开展半定量风险评价，III类站场开展HAZOP分析及SIL评价；I类站场开展I、II类风险评价； (3)运行期I、II、III类管道开展一次半定量风险评价，I类油气田管道每年开展一次至半定量风险评价，I类油气田管道每三年开展一次定量风险评价，II类管道每五年开展一次半定量风险评价，II类高风险管道可开展定量风险评价；一类站场开展RBI、RCM、SIL等半定量风险评价，二类站场宜开展RBI、RCM半定量风险评价，三类站场开展RBI定性风险评价；并录入管道和站场完整性管理系统。符合要求，得4分；否则，不得分；
			4.2.2.5 选择适用的高后果区识别和风险评价方法，并对评价过程进行监督（2分）	审核二级单位、基层站队： (1)结合评价对象，选择适用的高后果区识别和风险评价方法。符合要求，得1分；否则，不得分； (2)对评价过程进行监督，并组织相关人员对高后果区识别和风险评价结果进行审查或确认。符合要求，得1分；否则，不得分；
		4.2.3 制定并落实风险减缓措施，相关人员清楚具体内容（10分）	4.2.3.1 结合评价结果制定风险控制措施，措施有效且可操作（4分）	审核二级单位、基层站队： (1)结合高后果区识别和风险评价结果制定了针对性的风险减缓措施。符合要求，得2分；否则，不得分； (2)跟踪落实风险控制措施。符合要求，得2分；否则，不得分；

续表

要素	审核项	审核内容	评分项	评分说明
4. 管理策划(100分)	4.2"双高"管道和站场高风险部位管理策划(50分)	4.2.3 制定并落实风险减缓措施，相关人员清楚具体内容(10分)	4.2.3.2 相关岗位人员清楚高后果区识别和高风险管段风险减缓措施(4分)	审核二级单位、基层站队： (1)机关和作业区管理人员清楚"双高"管识别结果、数量、变化情况等。符合要求，得2分；否则，不得分； (2)执行人员了解高后果区识别和风险评价方法。符合要求，得2分；其他情况，由审核员判断得0~1分；
			4.2.3.3 对识别出的高后果区和高风险管段及相应减缓措施进行审查、公示(2分)	审核二级单位： 对识别出的高后果区和高风险管段及相应减缓措施进行审查、公示。符合要求，得2分；否则，不得分；
		4.2.4 高后果区识别和风险评价结果得到应用(5分)	4.2.4.1 高后果区识别和风险评价结果得到应用(5分)	审核二级单位、基层站队： (1)根据建设期高后果区识别情况，充分应用到设计、施工。符合要求，得3分；其他情况，由审核员判断得0~2分； (2)根据运行期高后果区识别和风险评价结果，制定检测评价和实施减缓风险消减措施的优先次序和日常巡检、定期检验、维修维护、备品备件配备库存、工艺改进等计划。符合要求，得2分；其他情况，由审核员判断得0~1分
5. 组织机构(36分)	5.1 机构设置(13分)	5.1.1 设置完整性管理机构(5分)	5.1.1.1 建立完整性管理组织，明确完整性管理岗位(5分)	审核二级单位、基层站队： 按照油田相关要求，建立满足生产经营需求的完整性管理组织、明确完整性管理岗位。符合要求，得5分；否则，此"审核项"不得分
		5.1.2 定期组织召开完整性会议(8分)	5.1.2.1 主要负责人定期组织召开完整性会议，直线业务部门及时落实决议(8分)	审核二级单位： (1)主要负责人定期组织召开完整性会议。符合要求，得3分；其他情况，由审核员判断得0~2分； (2)相关人员主动参与完整性会议。参会率达到90%以上得3分；其他情况，由审核员判断得0~2分； (3)会议纪要说明确，且由直线业务部门得到落实。落实决议得2分；未落实得1分，两项及以上不得分

续表

要素	审核项	审核内容	评分项	评分说明
5.组织机构（36分）	5.2职责分工（23分）	5.2.1建立完整性管理组织机构、职责及岗位职责，定期评审、动态维护（13分）	5.2.1.1各级完整性主管领导、部门、岗位有明确的完整性职责，并熟悉自身或本部门职责（8分）	审核二级单位、基层站队： （1）建立覆盖各级领导、部门，岗位有明确的完整性职责，符合要求，得5分；其他情况，由审核员判断得0～4分； （2）各单位完整性主管领导和相关岗位人员熟悉自身或本部门的完整性职责，全部清楚，得3分；80%及以上清楚，得2分；低于80%清楚，不得分
			5.2.1.2完整性职责与其岗位工作相匹配，且依据工作实际进行动态维护（5分）	审核二级单位、基层站队： （1）完整性职责内容与其业务或岗位工作相匹配，符合要求，得3分；其他情况，由审核员判断得0～1分； （2）依据工作实际，组织机构、业务领域、管辖范围等发生变化，进行动态维护，修订完善得2分；未按时修订不得分
		5.2.2设置健全的满足完整性管理业务需要的组织机构，明确完整性管理支持部门的职责（3分）	5.2.2.1完整性管理支持部门、岗位有明确的完整性管理职责，并熟悉自身或本部门职责（3分）	审核二级单位： 完整性管理支持部门，如：生产技术管理部门、规划计划、质量安全环保、生产运行、地面建设、财务、科技信息、人事劳资等部门有明确的完整性管理职责，全部符合要求，得3分，其他情况，由审核员判断得完整性管理职责0～2分
		5.2.3严格落实完整性管理职责，并定期考核（7分）	5.2.3.1各级完整性主管领导、部门、岗位主动履行本岗位和本部门完整性管理职责，并建立岗位职责清单（2分）	审核二级单位、基层站队： 各级完整性主管领导、部门，岗位主动履行本岗位和本部门完整性管理职责，并建立岗位职责清单，符合要求，得2分；其他情况，由审核员判断得0～1分
			5.2.3.2各二级岗位工作清单，并按工作内容开展工作（2分）	审核二级单位、基层站队： 各二级单位建立完整性管理人员岗位工作清单，并按工作清单内容开展工作，符合要求，得2分；其他情况，由审核员判断得0～1分

续表

要素	审核项	审核内容	评分项	评分说明
5. 组织机构(36分)	5.2 职责分工(23分)	5.2.3 严格落实完整性管理职责，并定期考核(7分)	5.2.3.3 定期对完整性履职情况进行考核(3分)	审核二级单位、基层站队： (1)建立完整性管理履职考核制度，有明确的考核标准，符合要求，得1分；其他情况，不得分。 (2)定期对完整性履职情况进行考核，并纳入部门、岗位绩效考核，全部符合，得2分；发现一人履职情况未纳入绩效考核，得1分；发现两人及以上，不得分。
6. 评估与培训(50分)	6.1 制定岗位能力清单和能力评估标准(6分)	6.1.1 根据岗位职责，制定岗位能力清单和能力评估标准(6分)	6.1.1.1 根据岗位职责和需求制定能力清单(4分)	审核二级单位： (1)根据岗位职责和需求，制定岗位能力清单。符合要求，得2分；否则，不得分。 (2)完整性岗位能力清单中明确需要掌握的项目、水平要求、培训周期、培训方式等。符合要求，得2分；其他情况，由审核员判断得0~1分。
			6.1.1.2 制定岗位能力评估标准，并经直线领导的审核(2分)	审核二级单位： (1)根据能力清单中每项技能，制定各岗位针对性的审核。符合要求，得1分；其他情况，不得分。 (2)完整性岗位能力清单通过直线领导的审核。符合要求，得1分；否则，不得分。
	6.2 开展岗位能力评估(6分)	6.2.1 按照岗位逐级开展完整性能力评估(6分)	6.2.1.1 按规定周期逐级开展完整性能力评估(3分)	审核二级单位、基层站队：按规定周期逐级开展完整性能力评估。符合要求，得3分；否则，不得分。
			6.2.1.2 对新提拔、新调整到新入职，转岗到完整性岗位的员工进行能力评估工作(3分)	审核二级单位、基层站队：对新提拔、新调整到完整性岗位的领导干部以及新入职、转岗到完整性岗位的员工，上岗前应组织开展相关完整性岗位的能力评估。符合要求，得3分；否则，不得分。

续表

要素	审核项	审核内容	评分项	评分说明
	6.3 制定培训计划（15分）	6.3.1 根据结果能力评估制定针对性培训计划，并有效落实（15分）	6.3.1.1 根据能力评估结果（不合格项和弱项）制定针对性培训计划（3分）	审核二级单位、基层站队： 根据完整性能力评估结果（不合格项和弱项）制定针对性培训计划。符合要求，得3分；其他情况，由审核员判断得0～2分
			6.3.1.2 制定单位的年度培训计划，并经审批（7分）	审核二级单位、基层站队： （1）整合员工完整性培训需求，根据共性短板和重点工作，制定年度培训计划。符合要求，得2分； （2）完整性培训计划应包含：管理培训、技术培训、操作培训三个方面，包含一个方面得1分，包含两个方面得2分，包含三个方面得3分； （3）完整性培训计划得到主管领导审批，计划调整时得到审批。符合要求，得2分；否则，不得分
		6.3.1.3 培训计划得到有效落实，人员能力不合格项和弱项经培训，评估合格后方能上岗工作（5分）		审核二级单位、基层站队： （1）培训计划得到有效落实。符合要求，得2分；否则，不得分； （2）人员能力不合格项和弱项经培训，评估合格后方能从事完整性工作。符合要求，得3分；否则，此"审核项"不得分
6. 评估与培训（50分）	6.4 建立培训师队伍及课件（10分）	6.4.1 建立兼职完整性培训师队伍（5分）	6.4.1.1 建立兼职培训师和专家培养机制，培养满足需要的兼职培训师队伍（3分）	审核二级单位： 建立兼职培训师和专家培养机制，培养满足需要的兼职培训师队伍。符合要求，得3分；否则，不得分
			6.4.1.2 定期对培训师和专家进行选拔、评估、考核、沟通、激励（2分）	审核二级单位： 开展培训师管理工作。培训师选拔、激励，评估的常态化开展目培训效果调查反馈较好，由审核员判断开展工作的质量得0～2分

续表

要素	审核项	审核内容	评分项	评分说明
6. 评估与培训（50分）	6.4 建立培训师队伍及课件（10分）	6.4.2 开发针对性的完整性标准课件和知识题库，丰富培训方式（5分）	6.4.2.1 建立满足需要的完整性培训课件和知识题库（3分）	审核二级单位： 分阶层分层级开发具有理论性、系统性和自学性的完整性管理培训课件，建立满足本单位培训需要完整性培训课件和知识题库，由审核员判断得0～3分
			6.4.2.2 结合培训内容开展完整性培训小课堂、短课时、实操演练等各种方式培训，提升培训效果（2分）	审核二级单位、基层站队： 采取分岗位、短课时、小范围、多形式开展完整性培训工作，形成有效的需求型完整性培训模式，全部做到，得2分；否则，不得分
	6.5 培训效果评估并落实改进措施（13分）	6.5.1 及时对完整性培训效果进行评估并落实改进措施（13分）	6.5.1.1 及时组织对完整性培训效果进行评估，并落实改进措施（13分）	审核二级单位、基层站队： （1）及时组织对完整性培训效果进行评估，得10分；发现一次完整性培训效果未进行评估，得2分；发现两次及以上，不得分； （2）定期对完整性培训工作的组织实施，效果等进行分析，制定改进措施，符合要求，得3分；其他情况，由审核员判断得0～2分
7. 信息与文件（60分）	7.1 系统平台管理（45分）	7.1.1 管道和站场完整性管理系统得到有效应用（17分）	7.1.1.1 利用管道和站场完整性管理系统，对相关数据进行录入、统计（7分）	审核二级单位、基层站队： （1）利用管道和站场完整性信息数据进行统计分析，包含但不限于：管道台账、管道完整性管理分类台账、站场完整性管理分类台账、管道变更台账、管道失效台账，双高管道台账、缓蚀剂加注台账等进行统计分析，得5分；否则，不得分，符合要求，符合要求，得2分；其他情况，由审核员判断得0～1分； （2）相关人员经过管道和站场完整性管理系统培训，能够熟练操作，由审核员判断断得0～2分
			7.1.1.2 系统平台内的信息录入全面准确，审核审批及时（4分）	审核二级单位、基层站队： （1）各单位数据管理员负责对采集数据的真实性和准确性进行审核并上报。符合要求，得2分；否则，不得分； （2）管道和站场完整性管理系统内的信息入录全面准确，审核审批及时。符合要求，得2分；其他情况，由审核员判断得0～1分

续表

要素	审核项	审核内容	评分项	评分说明
7.信息与文件(60分)	7.1 系统平台管理(45分)	7.1.1 管道和站场完整性管理系统得到有效应用(17分)	7.1.1.3 利用管道和站场完整性数据进行统计分析，且结果得到有效应用(4分)	审核二级单位、基层站队： (1)定期对管道和站场完整性数据进行统计分析，对数据进行监控，及时对异常数据进行分析，发现问题采取纠正措施。全部做到，符合要求，得2分；否则，不得分； (2)统计分析结果充分应用于高后果区识别和风险评价、检测评价、维修维护、趋势分析等业务活动中。全部做到，符合要求，得2分；否则，不得分
			7.1.1.4 对管道和站场完整性系统应用情况进行检查及考核(2分)	审核二级单位： 定期对管道和站场完整性管理系统应用情况进行考核通报。做到得2分；否则，不得分
		7.1.2 全生命周期完整性数据管理(28分)	7.1.2.1 明确完整性数据采集要求及范围(8分)	审核二级单位： (1)应按照塔里木油田公司管道和站场完整性数据采集清单开展建设期完整性管理数据的设计、采集。全部符合，得3分；其他情况，由审核员判断得0~3分； (2)运行期的完整性数据采集包括但不限于：历史数据恢复、动态数据采集(生产数据、检验检测数据、失效数据等)、全部符合，得3分；其他情况，由审核员判断得0~3分； (3)数据采集标准统一，明确了数据项的类型、类别、量纲、阈值、采集范围、方式、数据流向等，保障完整性数据项完整、全部符合，得2分；其他情况，由审核员判断得0~2分
			7.1.2.2 按要求开展数据验收、数字化移交(8分)	审核二级单位： (1)新建管道和站场在竣工验收、监检测和维护维修项目验收评审时，同步完成数据移交工作。符合要求，得3分；其他情况，由审核员判断得0~3分； (2)管道测绘项目应在项目验收评审时，同步完成数据移交工作。符合要求，得3分；其他情况，由审核员判断得0~2分； (3)大修理项目在验收评审时，同步数据移交工作。符合要求，得2分；其他情况，由审核员判断得0~1分

续表

要素	审核项	审核内容	评分项	评分说明
7. 信息与文件(60分)	7.1 系统平台管理(45分)	7.1.2 全生命周期完整性数据管理(28分)	7.1.2.3 采集的各种资料和数据转化为电子版格式(2分)	审核二级单位: 将所采集到的各种资料和数据按相关要求转化为电子版格式,符合要求,得2分;其他情况,由审核员判断得0~1分
			7.1.2.4 严格按照数据治理要求执行(5分)	审核二级单位、基层站队: 按照数据治理要求将管道基础信息(包括压力管道、集输管道、站场)录入相应系统中,全面、准确符合要求,得5分;其他情况,由审核员判断得0~5分
			7.1.2.5 严格进行数据更新、数据销项等要求(5分)	审核二级单位、基层站队: (1)管道和站场设备属性发生变化时,须及时进行数据更新,符合要求,得3分;否则,不得分。 (2)针对停用期的完整性数据管理包括但不限于:数据变更、数据核查、历史数据储存、数据销项、其他情况,符合要求,得2分;其他情况,由审核员判断得0~2分
	7.2 文件管理(15分)	7.2.1 明确信息与系统管理要求(11分)	7.2.1.1 至少明确一名相对固定的专(兼)职完整性信息工作人员,负责本单位的完整性信息与系统文件与系统工作(7分)	审核二级单位: (1)二级单位至少明确一名相对固定的专(兼)职完整性信息工作人员,负责本单位的完整性信息与系统工作。全部做到,得2分;否则,不得分。 (2)若信息工作人员有变动,及时报告更新,相关报告采集工作内容、流程、要求、频次、全部清楚、得5分;50%及以上清楚,得2分;低于50%清楚,不得分
			7.2.1.2 信息与文件及时沟通和处理、动态管理(4分)	审核二级单位: (1)建立内部沟通渠道,明确沟通内容和方式。在内部明确重要的信息(如法律法规、报表、文件、会议、电话、网络等)有效沟通渠道,全部符合,得2分;否则,不得分;全部得1分。 (2)重要信息在内部及时进行沟通,并得到收集、反馈,处理,全部符合,得2分;80%及以上相关信息进行了反馈收集,得1分;低于50%~80%,反馈,不得分

续表

要素	审核项	审核内容	评分项	评分说明
7. 信息与文件（60 分）	7.2 文件管理（15 分）	7.2.2 文件发放、作废等管理规范（4 分）	7.2.2.1 按照文件的适用范围进行发放，并及时对作废文件进行回收处置（2 分）	审核二级单位、基层站队：文件的制定、发放、批准、变更和作废等环节都处于受控状态，全部满足，得 2 分；其他情况，由审核员判断得 0～1 分
			7.2.2.2 管理制度在所有适用部门和岗位上便于获取，且版本有效（2 分）	审核二级单位、基层站队：管理制度在所有适用部门和岗位上便于获取，且版本有效，全部满足，得 2 分；其他情况，由审核员判断得 0～1 分
8. 建设期完整性（125 分）	8.1 设计阶段（14 分）	8.1.1 编制完整性管理设计专章，并组织审查（14 分）	8.1.1.1 明确设计专章审查流程和审查职责（3 分）	审核二级单位：建立完整性设计专章审查制度，且职责明确，流程清晰，内容完整，符合要求，得 3 分；其他情况，由审核员判断得 0～2 分
			8.1.1.2 编制完整性管理设计专章，且内容符合要求（5 分）	审核二级单位、设计单位：编制建设项目完整性设计专章，符合要求得 5 分；否则，此"审核项"不得分
			8.1.1.3 组织完整性设计审查，控制专章设计质量，对提出改进意见进行跟踪落实（6 分）	审核二级单位：（1）完整性设计专章内容符合相关要求，符合要求，并经审查，得 3 分；否则，不得分；（2）对审查结果进行跟踪落实，符合要求，得 3 分；否则，不得分
	8.2 开工前准备（39 分）	8.2.1 明确采购、监造等管理要求（9 分）	8.2.1.1 建立采购需求计划（3 分）	审核二级单位相关部门：制定采购产品质量管理制度，内容涵盖计划、招标、合同、监造、验收、储存等管理要求，且职责明确，流程清晰，内容完整，全部满足，得 3 分；否则，不得分
			8.2.1.2 根据监造目录中的产品委托实施监造（6 分）	审核二级单位相关部门：（1）监造人员对被监造单位产品生产制造全过程进行现场质量见证、检测、审核等监督管理。全部满足，得 3 分；否则，不得分；（2）大型动设备监造委托第三方开展设备点检，并做好配合工作。全部满足，得 3 分；否则，不得分

续表

要素	审核项	审核内容	评分项	评分说明
8. 建设期完整性（125分）	8.2 开工前准备（39分）	8.2.2 到货质量检验、储存管理要求（12分）	8.2.2.1 根据采购物资质量标准（验收标准或技术协议）和检验计划，进行质量验证（3分）	审核二级单位、基层站队： （1）制定了采购物资质量标准验收质量标准和检验计划。做到则得 1 分；否则，不得分； （2）按照采购物资质量标准（验收标准或技术协议）和检验计划，进行质量验证。做到得 1 分；否则，不得分； （3）采购物资质量验证率80%。全部做到，得 1 分，不得分
			8.2.2.2 采购物资在贮存期内定期进行质量验证（3分）	审核二级单位、基层站队： （1）按照经验证合格的采购物资方可入库。全部做到，得 2 分；其他情况，由审核员判断得 0~1 分； （2）严格按照有关规定对采购物资贮存期间进行了质量验证。做到得 1 分；否则，不得分
			8.2.2.3 备品备件配置科学合理（2分）	审核二级单位、基层单位： （1）依据设备运行、维修、检测等信息，结合设备备品备件消耗、库存及采购周期编制备品备件配置计划。做到则得 1 分；否则，不得分； （2）建立主要设备配件储备备（或按要求承修单位配备）数量充足的配件，不影响正常生产的情况。做到得 1 分；否则，不得分
			8.2.2.4 不合格采购物资实施单独标识、隔离存储（2分）	审核二级单位、基层站队： 不合格采购物资单独标识、隔离存储。全部做到，得 2 分；其他情况，由审核员判断得 0~1 分
			8.2.2.5 不合格采购物资得到及时处理（2分）	审核二级单位、基层站队： 不合格采购物资得到及时处理，记录齐全。全部做到，得 2 分；其他情况

续表

要素	审核项	审核内容	评分项	评分说明
	8.2 开工前准备（39 分）	8.2.3 施工图设计交底（3 分）	8.2.3.1 针对完整性内容进行交底，交底内容得到有效落实（3 分）	审核二级单位、参建单位：施工图设计交底时针对高后果区段施工、基线检测、数据采集和移交等特殊部位和关键环节施工要求进行了交底，相关责任人并进行了确认签字。做到得 3 分，未做到得不得分
		8.2.4 编制施工阶段完整性管理专项方案，并严格落实（15 分）	8.2.4.1 编制项目施工阶段完整性管理专项方案，并通过审查审批（10 分）	审核二级单位、参建单位：（1）编制建设项目施工阶段完整性管理专项方案。符合要求，得 5 分，否则，此"审核项"不得分。（2）完整性管理专项方案应经施工单位编写人、审核人、审批人签名后，报项目组织实施审查通过后方可施工。做到得 5 分，未做到得不得分
			8.2.4.2 严格按照完整性管理专项方案组织施工（5 分）	审核二级单位、参建单位：严格按照完整性管理专项方案具体内容和要求组织施工。全部做到，得 5 分；未做到不得分
8. 建设期完整性（125 分）	8.3 施工过程管理（27 分）	8.3.1 严格落实施工阶段完整性管理专项监理和质量监督要求（14 分）	8.3.1.1 严格落实施工阶段完整性管理专项监理和质量监督要求（5 分）	审核二级单位、参建单位：组织油气田公司完整性管理专项质量监督，形成质量监督记录并跟踪整改发现问题的整改情况。全部做到，得 5 分；未做到不得分
			8.3.1.2 监理单位和工程质量监督机构按照相关要求开展工程质量监督工作（9 分）	审核二级单位、基层单位、监理单位、工程质量监督机构：（1）监理单位按照监理规划、监理实施细则以及建设期完整性专项监督，有相关监理记录。做到得 3 分，其他情况，由审核员判断得 0～2 分；（2）监理单位按要求开展对关键环节和重点部位施工实施旁站监督。做到得 3 分，其他情况，由审核员判断得 0～2 分；（3）工程质量监督机构按要求开展质量监督检查，有相关监督检查记录。做到得 3 分，其他情况，由审核员判断得 0～2 分

续表

要素	审核项	审核内容	评分项	评分说明
	8.3 施工过程管理（27分）	8.3.2 高后果区段施工、清管、管道保护等符合要求（13分）	8.3.2.1 严格落实高后果区管段风险减缓措施（3分）	审核二级单位、参建单位：施工单位按照设计文件落实高后果区管段风险减缓措施，施工图与现场实际相符。全部符合要求，得3分；其他情况，由审核员判断得0～2分
			8.3.2.2 制定管道保护措施，并组织落实（5分）	审核二级单位、参建单位： （1）制定合理可行的管道保护措施，且符合要求，做到得3分，未做到得0分； （2）按照管道保护措施，组织落实，做到得2分，未做到得0分
			8.3.2.3 清管作业符合要求（5分）	审核二级单位、参建单位： （1）制定合理可行的清管方案，且符合要求，做到得2分，其他情况，由审核员判断得0～2分； （2）按照清管方案，组织落实，符合要求得3分，其他情况，由审核员判断得0～3分
8. 建设期完整性（125分）	8.4 投运前审查（17分）	8.4.1 组建投运前审查组，有完整性管理专业人员，制定审查计划（4分）	8.4.1.1 用户单位直线领导及时组织成立投运前审查组（2分）	审核二级单位、基层站队：根据项目进度及时成立投运前审查组，得2分；其他情况，由审核员判断得0～1分
			8.4.1.2 结合项目进展情况，制定投运前审查计划（2分）	审核二级单位、基层站队：结合项目进展情况，制定投运前审查计划，并有效实施，符合要求，得2分；其他情况，由审核员判断得0～1分
		8.4.2 结合项目自检针对编制的投运前审查清单或完整性管理专项检查清单（3分）	8.4.2.1 根据现场实际、标准规范和现场经验，制定涵盖完整性管理的投运前审查清单或完整性管理专项检查清单（3分）	审核二级单位、基层站队：根据项目内容，制定针对性的投运前安全审查清单或完整性审查清单，内容涵盖完整性管理完成情况，高后果区识别、风险控制措施落实情况，完整性基础数据采集与录入情况，设备与管道的防腐措施管理专项监督问题整改情况。符合要求，得3分；其他情况，由审核员判断得0～2分

续表

要素	审核项	审核内容	评分项	评分说明
8. 建设期完整性（125分）	8.4 投运前审查（17分）	8.4.3 按照投运前计划和投运前安全审查清单或完整性管理专项检查内容组织实施投运前审查或完整性管理专项检查（10分）	8.4.3.1 投运前审查小组视项目进度和关键节点开展审查工作（2分）	审核二级单位、基层站队： 新建扩建工程项目投产前落实投运前审查。做到得2分；否则，不得分
			8.4.3.2 对审查清单中的完整性项目逐项确认（5分）	审核二级单位、基层站队： 对审查清单中的管道和站场完整性项目逐项确认，确保无遗漏，全部做到，得5分；完成80%以上，得3分；低于80%，不得分
			8.4.3.3 项目建设单位及用户单位共同确定必改项、遗留项及其整改事宜（3分）	审核二级单位、基层站队： 必改项已经全部整改，遗留项与风险等级相符并制定了监控措施和整改计划，全部落实，得3分；其他视情况，由审核员判断得0~2分
	8.5 项目验收（28分）	8.5.1 管道基线检测符合要求（6分）	8.5.1.2 交工验收前开展基线检测（6分）	审核二级单位、参建单位： （1）管道工程交工验收前，根据管道类别开展管道中心线测量、路上调查、内检测、外腐蚀检测等基线检测，记录相关检测结果和整改情况，并完成基线检测。符合要求，得3分；否则，此"审核项"不得分； （2）管道基线检测发现的问题已落实，检测结果和整改情况移交使用单位。全部做到得3分，由审核员判断得0~2分
		8.5.2 按规定组织开展完整性专项验收（12分）	8.5.2.1 项目组织实施单位按规定组织完整性管理专项验收，对提出的意见，落实整改（12分）	审核二级单位、基层站队： （1）按规定组织工程交工验收中的完整专项验收。符合要求，得2分；否则，此"审核项"不得分； （2）工程项目交工验收时所有完整性验收清单由油气管道和站场施工阶段完整性管理专项验收进行验收。符合要求，得5分；其他情况由审核员判断得0~4分； （3）管道和站场完整性验收提出的意见得到整改落实。符合要求，得5分；其他情况由审核员判断得0~4分

续表

要素	审核项	审核内容	评分项	评分说明
8. 建设期完整性（125分）	8.5 项目验收（28分）	8.5.3 按规定组织开展完整性管理数字化专项交付（10分）	8.5.3 组织参建单位等按规定进行完整性管理数字化专项交付（10分）	审核二级单位、参建单位： (1)按规定制定数据采集计划和方案，明确采集目标、范围、数据采集方法、采集质量要求、数据采集频次等，并备案。全部做到得3分，由审核员判断得0~2分，时间进度安排、数据采集责任人、项目组织实施单位对相关数据进行校验，确保数据的真实性、有效性和完整性。符合要求，得5分；否则，不得分。 (2)设计、监理、施工、采购等数据按规定录入，项目组织单位对初步整合付平台。符合要求，得5分；否则，不得分。 (3)按规定将各后的数据进行初步整合。多种渠道采集的数据进行整合时，应保持数据的一致性。符合要求，得2分；否则，不得分。
9. 管道完整性（180分）	9.1 管道高后果区识别和风险评价（48分）	9.1.1 高后果区（HCA）识别符合要求（20分）	9.1.1.1 对每一管段按照标准要求进行了高后果区识别（5分）	审核二级单位、基层站队： 高后果区识别覆盖每条管道。符合要求，得5分；否则，此"审核项"不得分。
			9.1.1.2 地区等级划分、潜在影响半径和暴露范围区后果区管段等识别和描述符合标准（12分）	审核二级单位相关部门、基层站队： (1)地区等级划分符合标准。全部符合得3分；否则，不得分。 (2)对于气体管道和含硫气管道，按照标准要求计算潜在影响半径，全部符合得3分；否则，不得分。 (3)特定场所、村庄和乡村、易燃易爆场所、国家自然保护地区、水源地等统计识别符合标准，全部符合得3分；否则，不得分。 (4)管段识别符合标准，起止点、长度、描述等符合标准，全部符合得3分；否则，不得分。
			9.1.1.3 使用地图或其他地形式定位高后果区管段的位置（3分）	审核二级单位相关部门、基层站队： 使用地图或其他地形式来清楚定位高后果区管段的位置。全部符合得3分；否则，不得分。
		9.1.2 风险评价符合要求（25分）	9.1.2.1 对每一管道进行了风险评价（5分）	审核二级单位、基层站队： 风险评价覆盖了每条管道。符合要求，得5分；否则，此"审核项"不得分。

续表

要素	审核项	审核内容	评分项	评分说明
9. 管道完整性（180分）	9.1 管道高后果区识别和风险评价（48分）	9.1.2 风险评价符合要求（25分）	9.1.2.2 按照标准进行管段划分（2分）	审核二级单位、基层站队：按照关键属性或全部属性对管道进行合理分段评价。做到得2分；否则，不得分
			9.1.2.3 失效可能性和失效后果准确，且计算准确（10分）	审核二级单位、基层站队：管道风险评价符合以下要求：（1）失效可能性和失效后果符合管道实际情况，计算正确。符合实际，得5分；否则，不得分；（2）有管段相对风险等级、风险值，且计算正确。符合标准要求得2分；否则，不得分；（3）结论应包括管道风险分布、高风险段排序、建议措施，全符合得3分；否则，不得分
			9.1.2.4 地质灾害敏感点识别和评价符合要求（8分）	审核二级单位、基层站队：（1）进行了地质灾害敏感点特征的信息采集并附有照片，符合要求，得3分；否则，不得分；（2）管道地质灾害敏感点类型划分准确。符合要求，得2分；否则，不得分；（3）对敏感点进行了专项风险评价。符合要求，得3分；否则，不得分
		9.1.3 编制管道高后果区识别和风险评价报告（3分）	9.1.3.1 管高后果区识别和风险评价报告（3分）	审核二级单位相关部门、基层单位：管道高后果区识别和风险评价工作完成后，应编制风险评价报告，且内容符合相关要求，得3分；其他情况，由审核员判断得0～2分
	9.2 管道检测评价（51分）	9.2.1 明确检测管理要求（3分）	9.2.1.1 结合本单位实际，建立检测评价管理制度和作业规程（3分）	审核二级单位相关部门、基层单位：结合本单位实际，建立管道检测评价程序文件和作业文件，且职责明确、流程清晰、内容完整。符合要求，得3分；其他情况，由审核员判断得0～2分

续表

要素	审核项	审核内容	评分项	评分说明
9. 管道完整性（180分）	9.2 管道检测评价（51分）	9.2.2 制定检测评价计划（5分）	9.2.2.1 组织制定管道检测评价计划（5分）	审核地面工程处、二级单位： (1) 根据管道风险评价的结果和管道类别，制定管道检测评价计划。完整性管理工作方案中包含管道检测评价计划。全部符合得3分；否则，此"审核项"不得分； (2) 管道检测评价计划，并报地面工程处备案。管道检测评价计划主要包括压力管道定期检验计划和集输管道完整性检测评价计划。全部符合得2分；否则，不得分。
		9.2.3 编制检测方案（14分）	9.2.3.1 组织编制检验检测实施方案和作业落实（14分）	审核二级单位、基层单位： (1) 编制检验检测实施方案和作业方案按完整性要求编制实施方案和作业方案。符合要求得5分；否则，此"审核项"不得分； (2) 检验检测实施方案的管道检测、Ⅰ类管输和集输系统Ⅱ类检验检测作业方案应报油气工程研究院检测评价作业由油气生产单位自行审查，审查通过后方可实施。符合要求，得3分；其他情况，由审核员判断得0～2分； (3) 严格按照完整性检验实施方案实施，涉及内检测的管道检测、Ⅰ类管输和集输气工程研究院审查，其他检验检测审批，符合要求，符合要求得3分；其他情况，由审核员直接评价，外腐蚀直接评价，专项检测作业方案判断0～2分； (4) 作业方案主要包括管道内检测、内腐蚀直接评价、外腐蚀直接评价，得3分；其他情况，由审核员判断0～2分。
		9.2.4 评价策略的选择（5分）	9.2.4.1 选择适宜的评价方法和策略（5分）	审核二级单位、基层单位： 根据风险评估结果、运行条件和经济条件等因素选择适宜的检测评价方法。检测评价应按照管道类别和风险评价评估结果实施差异化的策略。符合要求，得5分；否则，此"审核项"不得分

续表

要素	审核项	审核内容	评分项	评分说明
9. 管道完整性（180分）	9.2 管道检测评价（51分）	9.2.5 检验检测实施（10分）	9.2.5.1 过程资料收集齐全（6分）	审核二级单位、承包商： （1）内检测资料过程资料收集齐全，包括管道调查表、收发球筒设计尺寸数据、管道运行压力、温度、输气量和三通、管道斜接、直管道变形尺寸等检测数据；管道几何向检测报告、开挖验证单等资料。资料全面准确，得2分；否则，不得分； （2）管道外腐蚀直接评价方面数据收集齐全，且符合管道实际情况，包括收集情况；管段敷设环境调查包括地区等级、管道标识、周边建构筑物、穿跨越管段、管道附属设施、地面泄漏、周围环境、走向与埋深等。数据全面准确，得2分；否则，不得分； （3）管道内腐蚀直接评价收集的资料至少包括管道、建设、环境、运行和腐蚀控制等方面数据，符合管道实际情况，得2分；否则，不得分
			9.2.5.2 检测过程管理（4分）	审核二级单位、承包商： （1）检测人员资质能力满足并符合要求，得2分；否则，不得分； （2）管道外腐蚀直接评价、管道外腐蚀检验以及需要适应性评价的检验评价按照审批的作业方案组织落实，专项检测以及管道审批的作业经过审批，方可执行。检查实施符合相关作业规程，如有更改需要按要求经过审批。符合要求，得2分；否则，不得分
		9.2.6 检测评价质量监督（5分）	9.2.6.1 开展检测评价过程质量监督检查（5分）	审核二级单位： 对检测评价过程质量进行了监控、检查，对评价的结果进行了审核。做到得5分；其他情况，由审核员判断得0～4分

要素	审核项	审核内容	评分项	评分说明
9.管道完整性（180分）	9.2管道检测评价（51分）	9.2.7 编制管道检测评价报告，落实检测评价结论及建议(5分)	9.2.7.1按要求编制管道检测评价报告，并落实检测评价结论及建议(5分)	审核二级单位：(1)管道检测评价后，组织编制检测评价报告，评价报告内容齐全符合相关要求。符合要求，得3分；其他情况，由审核员判断得0~2分；(2)检测评价结论及维护得到应用。安全运行建议等得到落实，检测结果得到应用。得2分；否则，不得分
		9.2.8 编制管道检测统计表，并分析检测评价完成率(4分)	9.2.8.1按要求编制管道检测统计表，并分析检测评价完成率(4分)	审核二级单位：管道检测评价后，组织编制检测评价统计表，完成100%，得4分；完成90%，得3分；完成80%，得2分；完成70%，得1分；低于70%，不得分
	9.3管道维修维护（67分）	9.3.1 明确维修维护管理要求(3分)	9.3.1.1结合本单位实际，建立维修维护管理程序和程序文件、作业文件(3分)	审核二级单位、基层站队：建立维修维护管理程序文件和作业文件，且职责明确、流程清晰，作业程序合理、内容完整。符合要求，得3分；其他情况，由审核员判断得0~2分
		9.3.2 制定维修维护计划和方案(7分)	9.3.2.1制定维修维护计划，实施改造完善计划并严格落实(7分)	审核二级单位、基层站队：(1)充分结合管道高后果区和风险评价、检测评价结果，制定维修维护方案。符合要求，得3分；否则，不得分；(2)管道修复计划和方案经过审批。做到得2分；否则，不得分；(3)严格按维修维护隐患治理计划，实施改造随意更改，确保隐患治理与维修维护工作，不得随意更改，得2分；否则，不得分；维修维护计划和方案组织开展对更改情况进行报告并备案。符合要求，得2分；否则，不得分

续表

要素	审核项	审核内容	评分项	评分说明
9. 管道完整性（180分）	9.3 管道维修维护（67分）		9.3.3.1 管道防腐层修复符合设计文件和相关要求（2分）	审核二级单位：防腐层修复符合设计文件和相关要求。符合要求，得2分；否则，不得分
		9.3.3 管道缺陷修复（16分）	9.3.3.2 管道本体缺陷修复符合设计文件和相关要求（5分）	审核二级单位： （1）管道修复均按永久修复进行，只有在抢修情况下才可进行临时修复，并在临时修复前进行永久性修复。符合要求，得3分；否则，此"审核项"不得分； （2）管道本体修复方法符合相关要求。符合要求，得2分；否则，不得分
			9.3.3.3 管道缺陷修复质量检查和验收（3分）	审核二级单位： （1）缺陷修复回填前对防腐层、本体缺陷修复质量进行了检验。查看现场施工记录，做到得1分；否则，不得分； （2）缺陷修复回填后对防腐层质量进行了检验。现场施工记录完善，做到得1分；否则，不得分； （3）缺陷修复不符合验收标准时，重新进行修复。现场施工记录完善，做到得1分；否则，不得分
			9.3.3.4 管道缺陷修复资料归档（2分）	审核二级单位、基层站队： 修复结束后，应对修复资料进行归档，包括施工方记录和二级单位的记录。做到得2分；其他情况，由审核员判断得0～1分
			9.3.3.5 编制管道缺陷修复统计表，并分析修复工作计划完成率（4分）	审核二级单位： 管道检测评价后，组织编制修复统计表，完成40%及以上，得4分；完成30%，得3分；完成20%，得2分；完成10%，得1分，低于10%，不得分

●　155　●

续表

要素	审核项	审核内容	评分项	评分说明
9. 管道完整性（180分）	9.3 管道维修维护（67分）	9.3.4 管道维护管理要求（25分）	9.3.4.1 定期开展管道线路巡检，并采取了防止第三方破坏的预防行为（12分）	审核二级单位、基层站队： (1)结合所辖管道的实际情况建立并完善管道巡护制度。符合要求得3分；其他情况，由审核员判断得0～2分； (2)高后果区和高风险管段每日巡检次数不低于一次。符合要求得2分；否则，不得分；其他情况，由审核员判断得0～2分； (3)建立第三方作业信息管理机制和管道沟通机制，并提出相关管道保护信息，及时获取、掌握上报管道周边交叉工程动态信息。符合要求得3分；其他情况，由审核员判断得0～2分； (4)与管道沿线签订了管道保护告知书，管道管理人员对管道周边的施工活动进行了现场监督。符合要求，得2分；不得分；其他情况，由审核员判断得0～1分； (5)标识桩、警示牌、电位测试桩等完好。符合要求得2分；其他情况，由审核员判断得0～1分；
			9.3.4.2 对相对较严重的地质灾害敏感点或风险相对较高的地质灾害点制定监控措施（5分）	审核二级单位、基层站队： (1)对相对较严重的地质灾害敏感点或风险相对较高的地质灾害点制定监控措施。符合要求得3分；其他情况，由审核员判断得0～2分； (2)水工保护设施完好，并及时修复或制定计划。符合要求得2分；其他情况，由审核员判断得0～1分；
			9.3.4.3 对高后果区及高风险段沿线民众进行定期安全宣传（3分）	审核二级单位、基层站队： 对高后果区及高风险段沿线民众进行定期安全宣传，频次不低于每年2次。符合要求得3分；其他情况，由审核员判断得0～2分

续表

要素	审核项	审核内容	评分项	评分说明
9. 管道完整性（180分）	9.3 管道维修维护（67分）	9.3.4 管道维护管理要求（25分）	9.3.4.4 定期和不定期开展管道清管（5分）	审核二级单位、基层站队： 应针对不同管道气管道进行分级分类管理，定期和不定期地进行清管作业，并录入管道和站场完整性管理系统。符合要求，得1分；否则，不得分； （1）制定油气管道清管作业计划，符合要求，得1分；否则，不得分； （2）制定清管方案，通过审查、审批，并严格执行落实。符合要求，得2分；否则，不得分； （3）编制清管总结，并提出优化建议。符合要求，得2分；否则，不得分。
		9.3.5 管道腐蚀防护管理（16分）	9.3.5.1 定期开展内腐蚀监测数据、腐蚀影响因素和规律预测分析等分析，并采取针对性减缓措施（3分）	审核二级单位、基层站队： （1）定期检查、维护腐蚀监测设施，确保完好投用。符合要求得1分；否则，不得分； （2）定期开展腐蚀监测数据的分析评价，结合生产运行工况、介质性质变化等情况，优化防腐措施，做好数据分析与记录。符合要求得1分；否则，不得分； （3）开展腐蚀影响因素分析和腐蚀规律预测分析，采取有针对性记录，添加缓蚀剂等，改变工艺参数，做好数据分析与记录。符合要求得1分；否则，不得分。
			9.3.5.2 定期开展外腐蚀监测数据、腐蚀影响因素和规律预测分析等分析，并采取针对性减缓措施（3分）	审核二级单位、基层站队： （1）定期检查、维护腐蚀监测设施，确保完好投用。符合要求得1分；否则，不得分； （2）定期开展腐蚀监测数据的分析评价，结合生产运行工况、介质性质变化等情况，优化防腐措施，做好数据分析与记录。符合要求得1分；否则，不得分； （3）开展腐蚀影响因素分析和腐蚀规律预测分析，采取有针对性记录，添加缓蚀剂等，改变工艺参数，做好数据分析与记录。符合要求得1分；否则，不得分。

续表

要素	审核项	审核内容	评分项	评分说明
9. 管道完整性（180 分）	9.3 管道维修维护（67 分）	9.3.5 管道腐蚀防护管理（16 分）	9.3.5.3 腐蚀监测结果的应用（2 分）	审核二级单位、基层单位： 腐蚀监测结果得到应用，根据腐蚀检测报告结果调整检测周期、巡检周期，以及组织检修等内容。符合要求，得 2 分；否则，不得分。
			9.3.5.4 内腐蚀防护（4 分）	审核二级单位、基层单位： （1）按设计要求开展缓蚀剂筛选与评价工作，并根据缓蚀剂筛选评价结果选用缓蚀剂。符合要求，得 2 分；否则，不得分； （2）制定了缓蚀剂加注方案，缓蚀剂加注台账。符合要求，得 2 分；否则，不得分。
			9.3.5.5 外腐蚀防护（4 分）	审核二级单位、基层单位： （1）外防腐层种类和性能指标应满足设计要求。并符合要求： ①外观检查完好无漏涂、气泡、破损、裂纹、剥离和污染等缺陷； ②厚度检查每 20 个口抽查 1 个口，每个口的上、下、左、右侧 4 点，厚度应满足设计要求。符合要求，得 2 分；否则，不得分； （2）定期检查与管道阴保护系统，运行参数，相关设施，阴保系统投运率 100%，阴保系统检查合格，得 2 分；否则，不得分标"（即阴保设施完好率 100%，阴保系统投运率 98%以上）等。符合要求，得 2 分；否则，不得分
	9.4 管道停用、闲置、重新启用、报废管理（14 分）	9.4.1 管道停用、闲置、重新启用的办理流程和审批（9 分）	9.4.1.1 管道停用、重新启用的办理流程和审批（2 分）	审核二级单位、基层站队： 管道停用、重新启用符合程序，办理相关手续，并经过相应人员审批，并经过相应特种设备的使用登记备案，得 2 分；否则，不得分； 压力管道再启用按规定所在地区相关机关办理特种设备使用登记变更手续并存入技术档案。符合要求，得 2 分；否则，不得分

续表

要素	审核项	审核内容	评分项	评分说明
9. 管道完整性（180分）	9.4 管道停用、闲置、重新启用、报废管理（14分）	9.4.1 管道停用、重新启用管理（9分）	9.4.1.2 管道停用期间按投运阶段完整性管理执行（3分）	审核二级单位、基层站队：停运的管道，封存期间应保持阴极保护系统连续有效运行，并对管道进行必要的检验检测、维修及巡护管理，记录完整，符合要求得3分；否则，由审核员判断得0～2分。
			9.4.1.3 停运管道再启用，须开展评估与压力试验（4分）	审核二级单位、基层站队：（1）管道重新启用前应制定方案，并经过投运前安全审查，得2分；否则，不得分；（2）停运的管道需重新启用时，需开展相关评估和压力试验，在满足工艺、保证质量且符合技术要求的条件下方可使用，符合要求，得2分；否则，不得分。
		9.4.2 管道报废管理（5分）	9.4.2.1 压力管道报废须经技术鉴定，并备案（5分）	审核二级单位、基层站队：（1）委托有资质的检验检测机构进行技术鉴定，符合报废条件的，按相关要求办理报废手续；压力管道报废注销等证明手续应存入管道技术档案，符合要求，得3分；否则，不得分；（2）对报废的管道采取必要措施，消除其使用功能。报废的管道严禁转让、使用。对于没有拆除的报废油气管道，应做好标识，符合要求，得2分；否则，不得分。
10. 站场完整性（186分）	10.1 站场风险评价（17分）	10.1.1 按要求开展风险评价（14分）	10.1.1.1 针对站场内设备承担功能的不同，建立设备台账（2分）	审核二级单位、基层站队：针对站场内设备承担功能的不同，建立静设备、动设备、安全仪表系统台账，且与实际相符，符合实际，得2分；否则，不得分。
			10.1.1.2 数据收集全面、准确（2分）	审核二级单位：针对所确定的评价范围，收集风险评价信息，且数据真实、可信和完整。全面准确，得2分；否则，不得分。

续表

要素	审核项	审核内容	评分项	评分说明
10. 站场完整性（186分）	10.1 站场风险评价（17分）	10.1.1 按要求开展风险评价（14分）	10.1.1.3 风险评价过程符合要求（10分）	审核二级单位： (1)HAZOP、RBI、RCM、SIL 等分析评估流程符合要求。符合要求，得5分；否则，不得分。 (2)失效的可能性和失效后果计算准确，风险等级划分准确。符合要求，得2分；否则，不得分。 (3)详细说明失效可能性影响因素、失效后果影响因素的识别过程，最终风险值计算过程。得3分；否则，不得分。
		10.1.2 编制风险评价报告，且符合要求（3分）	10.1.2.1 编制风险评价报告，且符合要求（3分）	审核二级单位： 评审人员在完成风险评价后，应编制风险评价报告，且内容符合要求。符合要求，得3分；其他情况，由审核员判断得0～2分
	10.2 站场检测评价（100分）	10.2.1 明确检测管理要求（2分）	10.2.1.1 结合本单位实际，建立站场检测评价管理程序文件和作业文件（2分）	审核二级单位： 建立检测评价管理程序文件和作业文件，目职责明确、流程清晰，内容完整。符合要求，得2分；其他情况，由审核员判断得0～1分
		10.2.2 制定站场检测评价方案（5分）	10.2.2.1 制定站场检测评价方案，并按照方案组织实施（5分）	审核二级单位： (1)各单位根据年度完整性检测评价工作计划，制定检测评价方案，并通过审核审批。符合要求，得3分；否则，此"审核项"不得分。 (2)按照检测评价方案组织实施。符合要求，得2分；其他情况，由审核员判断得0～1分
		10.2.3 检测评价实施（8分）	10.2.3.1 过程资料收集齐全（2分）	审核二级单位、基层站队： 工业管道/压力容器/储罐与加热炉/动设备/仪表自动化系统/电气设备等检测资料齐全。包括：定期检验报告、校验、检修记录、检验报告等。特种设备检验报告按规定60日内录入自治区人自治区人特种设备管理信息系统，特种设备检验报告应存入特种设备安全技术档案。符合要求，得2分；否则，不得分

续表

要素	审核项	审核内容	评分项	评分说明
10. 站场完整性（186分）	10.2 站场检测评价（100分）	10.2.3 检测评价实施（8分）	10.2.3.2 实施过程监督管理（6分）	审核二级单位、基层站队： (1)监/检测实施符合检测评价方案、作业规程，如有更改需要经过审批，方可执行。符合要求，得2分；否则，不得分； (2)检测作业人员资质符合相关要求。符合要求，得2分；否则，不得分； (3)在设备进行检测的过程中，所使用的检测设备应处在检定周期内。符合要求，得2分；否则，不得分
		10.2.4 工业管道监/检测（32分）	10.2.4.1 全面检验（5分）	审核二级单位、基层站队： (1)工业管道一般在投人使用后3年内进行首次定期检验； (2)安全状况等级为1级、2级的，GC1、GC2级管道一般不超过六年检查一次，GC3级管道不超过九年检验一次； (3)安全状况等级为3级的，一般不超过三年检验一次，在使用期间内，使用单位应当对管道采取有效的监控措施； (4)安全状况等级为4级的，使用单位应当对管道缺陷进行处理，使用单位不得继续使用。 按规定定期检验。符合要求，得5分；否则，不得分
			10.2.4.2 在线检验（年度检验）（7分）	审核二级单位、基层站队： (1)每年至少开展一次在线检验。符合要求，得2分；否则，不得分； (2)按规定定期检验、检验结果得到应用。符合要求，得5分；否则，不得分
			10.2.4.3 基于风险的检验（8分）	审核二级单位、基层站队： (1)按照RBI提出检验策略（包括检验时间、检验内容和检验方法），实施管道定期检验。符合要求，得3分；否则，不得分； (2)按规定定期检验、检验结果得到应用。符合要求，得5分；否则，不得分

续表

要素	审核项	审核内容	评分项	评分说明
10. 站场完整性（186 分）	10. 2 站场检测评价（100 分）	10. 2. 4 工业管道监/检测（32 分）	10. 2. 4. 4 腐蚀监测（5 分）	审核二级单位、基层站队： 按要求对管道重点部位开展腐蚀检测、检测结果得到应用。符合要求、得 5 分；否则，不得分
			10. 2. 4. 5 定期校验附件（7 分）	审核二级单位、基层站队： （1）定期对管道附件进行校验。符合要求、得 2 分；否则，不得分； （2）按规定定期检验附件，对不符合要求管道附件进行修复、更换等措施。符合要求、得 5 分；否则，不得分
		10. 2. 5 压力容器监/检测（15 分）	10. 2. 5. 1 定期检验（5 分）	审核二级单位、基层站队： （1）一般于投用后三年内进行首次定期检验； （2）安全状况等级为 1、2 级的，一般每 6 年检验一次； （3）安全状况等级为 3 级的，一般每 3～6 年检验一次； （4）安全状况等级为 4 级的、监控使用，其检验周期由检验机构确定，累计监控使用时间不得超过三年，在监控使用期间、使用单位应当采取有效的监控措施； （5）安全状况等级为 5 级的，应当对缺陷进行处理；否则不得继续使用。符合要求、得 5 分；否则，不得分
			10. 2. 5. 2 年度检查（2 分）	审核二级单位、基层站队： 每年开展一次年度检查。符合要求、得 2 分；否则，不得分
			10. 2. 5. 3 超限压力容器专项检验（3 分）	审核二级单位、基层站队： 达到设计使用年限的压力容器、要继续使用、应对其进行检验、必要时进行安全评估（合于使用评价），经过使用单位主要负责人批准后、办理继续使用登记证书变更、方可继续使用。符合要求、得 3 分；否则，不得分

续表

要素	审核项	审核内容	评分项	评分说明
10. 站场完整性（186分）	10.2 站场检测评价（100分）	10.2.5 压力容器监/检测（15分）	10.2.5.4 基于风险的检验（3分）	审核二级单位、基层站队：按照 RBI 提出检验策略（包括检验时间、检验内容和检验方法），实施检验。符合要求，得3分；否则，不得分
			10.2.5.5 定期校验附件（2分）	审核二级单位、基层站队：定期对附件进行校验。符合要求，得2分；否则，不得分
		10.2.6 储罐与加热炉监/检测（7分）	10.2.6.1 定期检验（5分）	审核二级单位、基层站队：首次检验周期为五年，下次检验周期根据检验结果确定。符合要求，得5分；否则，不得分
			10.2.6.2 定期校验附件（2分）	审核二级单位、基层站队：定期对附件进行校验。符合要求，得2分；否则，不得分
		10.2.7 动设备监/检测（7分）	10.2.7.1 在线/离线状态监测（5分）	审核二级单位、基层站队：（1）设备在线状态监测（500kW 以上机组）开展 RCM，符合要求，得0~2分；（2）根据状态监测数据，分析各要素部件运转趋势，检测结果得到应用，符合要求，得2分；其他情况，由审核员判断得0~1分
			10.2.7.2 定期校验附件（2分）	审核二级单位、基层站队：定期对附件进行校验。符合要求，得2分；否则，不得分
		10.2.8 仪表自动化系统测试（5分）	10.2.8.1 安全仪表系统测试（3分）	审核二级单位、基层站队：根据安全仪表系统完整性等级评估结果，开展仪表测试。符合要求，得3分；否则，不得分

要素	审核项	审核内容	评分项	评分说明
10. 站场完整性（186分）	10.2 站场检测评价（100分）	10.2.8 仪表自动化系统测试（5分）	10.2.8.2 定期对仪表系统进行测试（2分）	审核二级单位、基层站队： 定期测试控制单元、井口安全切断系统、安防系统、紧急切断系统、过压保护系统、自动消防系统、参数报警系统、点火系统。符合要求、得2分；否则，不得分。
		10.2.9 电气设备检测（12分）	10.2.9.1 电气设备预防性试验（3分）	审核二级单位、基层站队： 对站场内的供电线路、变配电设施、用电设备进行预防性试验。符合要求、得3分；否则，不得分。
			10.2.9.2 防雷接地电阻检测（3分）	审核二级单位、基层站队： 爆炸和火灾危险环境所的防雷装置应当每半年检测一次。符合要求、得3分；否则，不得分。
			10.2.9.3 防爆电气检测（3分）	审核二级单位、基层站队： 在装置和设备投入运行工程之前工程竣工交接验收时，应对它们进行初始检查。定期检查的间隔一般不超过三年。符合要求、得3分；否则，不得分。
			10.2.9.4 电气仪表标定（3分）	审核二级单位、基层站队： 定期对电气仪表标定。符合要求、得3分；否则，不得分。
		10.2.10 检测评价质量监督检查（2分）	10.2.10.1 检测评价过程质量和结果监督检查（2分）	审核二级单位、基层站队： 对检测评价的过程质量进行了监控、检查，记录完整，符合要求、得2分；其他情况，由审核员判断得0~1分。
		10.2.11 编制检测评价报告、落实检测评价结论及建议（5分）	10.2.11.1 按要求编制检测评价报告，并落实检测评价结论及建议（5分）	审核二级单位、基层站队： （1）检测工作结束后应编制检测报告，且内容符合相关要求。做到符合相关要求、再检测计划建议，由审核员判断得2分；未做到不得分。 （2）检测评价结论应用。符合要求、安全运行建议等得到落实。符合要求、得3分；否则，不得分。

续表

要素	审核项	审核内容	评分项	评分说明
10. 站场完整性（186分）	10.3 站场维修维护（51分）	10.3.1 明确维修维护管理要求（3分）	10.3.1.1 结合本单位实际，建立维修维护管理制度和作业规程（3分）	审核二级单位、基层站队： 建立维修维护管理程序文件和作业文件，且职责明确，流程清晰，内容完整、符合要求。得3分；其他情况，由审核员判断得0～2分
		10.3.2 制定维修维护计划和方案（4分）	10.3.2.1 制定年度站场维修维护计划和方案，并组织实施（4分）	审核二级单位、基层站队： （1）根据风险评价、检测评价结果，制定维修维护计划和方案，并经过审核审批。做到得2分；否则，不得分； （2）严格按维修维护计划和方案实施。做到得2分；其他情况，由审核员判断得0～1分
		10.3.3 站场维修维护（16分）	10.3.3.1 动设备维修维护符合要求（7分）	审核二级单位、基层站队： （1）开展RCM的动设备，应结合RCM给出的检维修策略，开展维修维护工作。做到得3分；否则，不得分； （2）未开展RCM的动设备，按设备等级保养计划及实际情况，及时安排保养或维修。做到得2分；否则，不得分； （3）动设备维修维护作业符合相关要求。做到得2分；否则，不得分
			10.3.3.2 静设备维修维护符合要求（6分）	审核二级单位、基层站队： （1）开展RBI的静设备，应结合RBI给出的维修维护策略，开展维修维护工作。做到得3分；否则，不得分； （2）未开展RBI的静设备，按周期性维修维护相关要求，开展维修维护工作。做到得1分；否则，不得分； （3）静设备维修维护作业符合相关要求。做到得2分；否则，不得分； （4）对管架和地面管道定期进行验证，检验修复的有效性。做到得2分；否则，不得分

续表

要素	审核项	审核内容	评分项	评分说明
10. 站场完整性 (186分)	10.3 站场维修维护 (51分)	10.3.3 站场维修维护(16分)	10.3.3.3 安全仪表系统维修维护(3分)符合要求	审核二级单位、基层站队:根据测试、维修维护结果,制定更换计划,并落实。做到得3分;其他情况,由审核员判断得0~2分
		10.3.4 日常检查与检测(15分)	10.3.4.1 制定日常巡检制度,并严格执行(6分)	审核二级单位、基层站队: (1)制定日常巡检制度,明确巡检频率和具体要求。符合要求,得2分;其他情况,由审核员判断得0~1分; (2)站场内无地基塌陷、地基悬空、垮塌、违建占压等现象。符合要求,得1分;否则,不得分; (3)站场内管道和设备设施、附件等齐全、完好。符合要求,得1分;否则,不得分; (4)仪表和自动化控制系统处于完好、投用状态。符合要求,得1分;否则,不得分; (5)结合本单位的实际情况采用先进设备进行点检(如测温仪等对主要设备测温、测厚仪、转速表等对设备进行检测分析)。符合要求,得1分;否则,不得分
			10.3.4.2 定期取样和化学分析(4分)	审核二级单位、基层站队: (1)建立取样和化学分析管理制度,明确取样分析项目、周期及合格指标。符合要求,得2分;否则,不得分; (2)定期对腐蚀介质进行取样分析,测定介质中 H_2S、CO_2、硫酸盐还原菌 SRB、O_2、总 Fe 含量及 pH 值、总矿化度等指标。符合要求,得1分;否则,不得分; (3)定期对循环水(含锅炉水)水质进行检测分析。符合要求,得1分;否则,不得分

续表

要素	审核项	审核内容	评分项	评分说明
10. 站场完整性 （186 分）	10.3 站场 维修维护 （51 分）	10.3.4 日常检 查与检测（15 分）	10.3.4.3 润滑油管理（2 分）	审核二级单位、基层站队： （1）严格执行润滑油"三定"和"三级过滤"规定。符合要求，得 1 分；否则，不得分； （2）严格执行定期换油制度，并定期进行抽检。符合要求，得 1 分；否则，不得分
			10.3.4.4 隐患/异常上报与消除（3 分）	审核二级单位、基层站队： 日常巡查发现存在的故障和隐患，及时上报，并针对性地采取控制和消除措施。符合要求，得 3 分；其他情况，由审核员判断得 0～2 分
		10.3.5 维修维 护检查与验收 （3 分）	10.3.5.1 制定、落实维修维护检 查与验收标准（3 分）	审核二级单位、基层站队： （1）制定各种缺陷维修和维护工作的检查标准。做到得 1 分；否则，不得分； （2）维修维护工作完成后，油气生产单位及时组织验收，未通过的应重新开展维修维护，直至验收合格。符合要求，得 2 分；否则，不得分
		10.3.6 维修维 护资料归档（2 分）	10.3.6.1 维修维护验收后，将资 料归档（2 分）	审核二级单位、基层站队： （1）整个维修维护过程，应做好完整的记录。全部符合，得 1 分；否则，不得分； （2）记录须详细地体现出设备的失效状态，分析内容。符合要求，得 1 分；否则，不得分
		10.3.7 站场腐 蚀与防护管理 （8 分）	10.3.7.1 编制静设备腐蚀监测管 理作业文件（2 分）	审核二级单位、基层站队： 结合本单位实际，明确腐蚀监测管理作业规程，包括腐蚀监测的设置原则、腐蚀监测点选择的主要原因、检测方法等原则、腐蚀监测装置安装规定等符合要求，得 2 分；否则，不得分

续表

要素	审核项	审核内容	评分项	评分说明
10. 站场完整性（186分）	10.3 站场维修维护（51分）	10.3.7 站场腐蚀防护与管理（8分）	10.3.7.2 根据腐蚀监测要求，严格落实监测的现场操作及运行管理（4分）	审核二级单位、基层站队： (1)设备在线状态监测与故障诊断（500kW 以上机组）开展 RCM。符合要求、得2分；其他情况，由审核员判断得0～1分； (2)根据状态监测、分析各主要部件运转趋势、检测结果得到应用，符合要求、得2分；其他情况，由审核员判断得0～1分。
			10.3.7.3 根据腐蚀监测要求，严格落实监测的现场操作及运行管理（2分）	审核二级单位、基层站队： 完成腐蚀数据监测后编写腐蚀监测报告，内容完整包括： (1)油气田基本情况； (2)腐蚀监测点分布及监测分析概况； (3)腐蚀监测数据分析及评价； (4)存在的问题； (5)腐蚀监测建议； (6)下步工作建议计划。 符合要求，得2分；否则，不得分。
	10.4 设备与特种设备停用、闲置、重新启用、报废管理（18分）	10.4.1 设备停用、特种设备停用、闲置、重新启用、报废资料管理（2分）	10.4.1.1 管道停用、重新启用的办理流程和审批（2分）	审核二级单位、基层站队： 设备/特种设备长/短期停用、重新启用应符合管理程序、办理相关手续，重新启用特种设备再启用按规定到所在地区的使用登记机关办理特种设备使用登记变更手续并存入特种设备技术档案。符合要求、得2分；否则，不得分。
		10.4.2 设备停用、闲置、重新启用、报废管理（8分）	10.4.2.1 设备停用管理（3分）	审核二级单位、基层站队： 对长期停用的设备应进行闲置处理，妥善保管并定期维护保养，维护保养记录完整。符合要求、得3分；其他情况，由审核员判断得0～2分。

续表

要素	审核项	审核内容	评分项	评分说明
10. 站场完整性 (186分)	10. 4 设备与特种设备停用、闲置、重新启用、报废管理 (18分)	10. 4. 2 设备停用、闲置、重新启用、报废管理 (8分)	10. 4. 2. 2 设备再启用管理 (2分)	审核二级单位、基层站队： 闲置的设备重新使用时，必须经过技术鉴定、检验检测和维护保养，确认符合安全环保、技术质量要求，经过投运前安全审查，并制定落实风险防控措施后方可使用。符合要求，得2分；否则，不得分。
			10. 4. 2. 3 设备报废管理 (3分)	审核二级单位、基层站队： (1)对已达到规定效用年限且已提足折旧，需要并能够继续使用的设备，除按在用管理进行管理外，应加强安全监控和检测，记录完整，符合要求，得2分；否则，不得分； (2)设备达到报废条件的，应按照股份公司及油田公司规定进行处置，严禁重新使用。符合要求，得1分；否则，不得分。
		10. 4. 3 特种设备停用、闲置、重新启用、报废管理 (8分)	10. 4. 3. 1 特种设备停用管理 (3分)	审核二级单位、基层站队： 特种设备停用时，要做好停用措施并设置明显标志。锅炉、压力容器和管道要排液、排气，做好防腐措施并确认与其他工艺系统有效隔离。符合要求，得3分；否则，不得分。
			10. 4. 3. 2 特种设备再启用管理 (2分)	审核二级单位、基层站队： 停用设备重新投入使用前，必须进行全面检验，检验合格后到登记机关办理启用手续，启用前应通过投运前安全审查。符合要求，得2分；否则，不得分。
			10. 4. 3. 3 特种设备报废管理 (3分)	审核二级单位、基层站队： (1)特种设备存在事故隐患，无改造、维修价值或达到安全技术规范规定的其他报废条件的，及时委托有资格的检验检测机构进行技术鉴定后报废。符合要求，得2分；否则，不得分。 (2)对达到设计使用年限需要继续使用的，应当按照安全技术规范规定的要求通过检验或安全评估后，方可继续使用。符合要求，得1分；否则，不得分。

要素	审核项	审核内容	评分项	评分说明
11. 失效管理（47分）	11.1 失效事件上报、采集与识别（21分）	11.1.1 明确失效事件管理要求（4分）	11.1.1.1 明确失效事件管理程序、相关人员清楚失效事件管理职责、流程及要求（4分）	审核二级单位： (1)按照油田公司管道和站场管理失效事件管理程序及要求、职责明确、内容完整，明确失效事件管理程序及要求，符合要求，流程清晰，得1分；否则，不得分；全部清楚，得2分；50%及以上清楚，得1分；低于50%清楚，不得分； (3)参与失效事件调查和分析的所有人员经过培训，全部符合得1分；否则，不得分
		11.1.2 失效事件及时上报、信息台账完整准确（6分）	11.1.2.1 及时上报失效事件记录（2分）	审核二级单位、基层站队： (1)失效信息收集全面、描述准确，注重时效性和完整性，满足48h内失效数据库记录。人管道和站场完整性管理系统，1分；否则，不得分； (2)信息和数据源必可追踪，具备条件时，直接通过失效数据库上报，做到1分；否则，不得分
			11.1.2.2 失效台账完整准确（4分）	审核二级单位、基层站队： (1)按照油气田管道失效识别与统计方法《建立失效台账，有近1年的台账，1分，近两年的台账得2分； (2)将历年历次失效事件录入管和站场完整性管理系统，内容与失效台账一致，2分；否则，不得分
		11.1.3 失效数据的采集、识别（11分）	11.1.3.1 失效数据采集全面、准确、规范，并经校核（5分）	审核二级单位、基层站队： (1)失效信息收集全面的、描述准确、符合相关要求，符合要求，得2分，其他情况，由审核员判断得0～1分； (2)失效零部件的称谓规范，并能追踪到所在管段的位置，做到1分；否则，不得分； (3)失效档案按要求建立档案，失效事件档案内容齐全、完整，信息和数据源必须归档和可追踪，全部符合，得1分；否则，不得分； (4)收集过程中或收集完成后，需要对数据进行分析和校核。做到1分；否则，不得分

续表

要素	审核项	审核内容	评分项	评分说明
11. 失效管理（47分）	11.1 失效事件上报、采集与识别（21分）	11.1.3 失效数据的采集、识别（11分）	11.1.3.2 失效事件识别时限、分析方法符合要求（6分）	审核二级单位、基层站队： (1)失效事件识别不应迟于事件发生后的48小时。全部符合，得2分；发现存在未经审批的情况，此"审核项"策略，不得分； (2)事件的识别应按照"三级识别"策略，采用系统的、科学的方法，确定事件发生的故障模式及失效原因。做到1分；否则，不得分； (3)对反复发生或潜在影响重大的失效事件必须做深入的失效分析，综合采用现场采样测试和室内检测分析方法，确定其失效原因。做到2分；否则，不得分； (4)失效的直接原因和根本原因分析准确、客观、真实。做到1分；否则，不得分
	11.2 失效事件统计与分析（21分）	11.2.1 失效事件统计和分析（7分）	11.2.1.1 定期组织所有失效事件的统计分析（4分）	审核二级单位、基层站队： (1)定期组织所有失效事件的统计分析，开展失效事件发生趋势分析，并公布分析结果。做到2分，其他情况，由审核员判断得0～1分； (2)掌握目前的失效率情况，达到油田公司目标，得1分，否则，不得分； (3)与上一年失效率对比，降低40%及以上，得1分；否则，不得分
			11.2.1.2 编制失效事件调查和分析报告，并审核（3分）	审核二级单位、基层站队： (1)失效事件调查和分析结束，应形成失效事件的调查和分析结果，内容符合相关要求。做到2分，其他情况，由审核员判断得0～1分； (2)失效事件调查分析报告经过审核，内容准确。做到1分；否则，不得分

续表

要素	审核项	审核内容	评分项	评分说明
11. 失效管理（47分）	11.2 失效事件统计与分析（21分）	11.2.2 失效事件的纠正和预防（11分）	11.2.2.1 制定失效事件的纠正和预防措施，并追踪、监控落实（11分）	审核二级单位、基层站队： （1）对已查明原因的事件应制定并实施纠正或预防措施。符合要求得3分；否则，不得分； （2）实施纠正和预防措施时，明确时限、责任、资源。符合要求得3分；否则，不得分； （3）建立措施执行的保障机制，对措施执行的有效追踪。做到3分；其他情况，由审核人员判断得0~2分； （4）对逾期情况进行分析，并采取适当的补救行动。符合要求得2分；否则，不得分
		11.2.3 失效事件的管理指标（3分）	11.2.3.1 开展失效经济量化核算（3分）	审核二级单位、基层站队： 根据材料更换、人工需求、车辆使用、环境治理和放空损失等因素，结合油田在用工程定额和物资市场价格，开展失效经济量化核算。做到3分；其他情况，由审核人员判断得0~2分
	11.3 经验与分享总结（5分）	11.3.1 失效事件的经验总结与分享（5分）	11.3.1.1 建立失效事件分享的机制和渠道，及时分享典型事件（5分）	审核二级单位、基层站队、基层人员： （1）建立事件分享机制和渠道。全部做到，得2分；其他情况，由审核人员判断得0~1分； （2）组织将典型事件以培训课件等形式，及时进行经验分享。得1分；否则，不得分； （3）相关人员清楚发生典型失效事件的经过、原因及预防措施。全部清楚，得2分；50%及以上相关人员清楚，得1分；低于50%相关人员清楚，不得分
12. 效能评价与审核（48分）	12.1 管道效能评价（18分）	12.1.1 管道的效能评价（18分）	12.1.1.1 建立效能评价管理程序和作业文件，相关人员清楚效能评价管理职责、流程及要求（3分）	审核二级单位： （1）建立效能评价程序和作业文件，且职责明确、内容完整、流程清晰。符合要求，得3分；否则，不得分； （2）相关人员清楚效能评价职责、流程及要求。全部清楚，得2分；50%及以上清楚，得1分；低于50%清楚，不得分

续表

要素	审核项	审核内容	评分项	评分说明
12. 效能评价与审核（48分）	12.1 管道效能评价（18分）	12.1.1 管道效能评价（18分）	12.1.1.2 明确效能评价指标（2分）	审核二级单位：根据完整性管理工作或效能评价选择危害因素选择效能评价指标，危害因素识别符合实际。符合要求，得2分；否则，不得分
			12.1.1.3 数据收集与处理（4分）	审核二级单位：（1）根据效能评价指标收集本次效能评价数据、数据收集全面、准确。符合要求，得2分；其他情况，由审核员判断得0~1分；（2）计算各评价指标值，并保存相关资料及文档资料。符合要求，得2分；其他情况，由审核员判断得0~1分
			12.1.1.4 开展效能评价，制定评价结论（5分）	审核二级单位：开展效能评价，制定评价结论。符合要求，得5分；其他情况，由审核员判断得0~4分
			12.1.1.5 根据效能评估分析结果，制定改进建议（3分）	审核二级单位：（1）针对效能评估分析结果及评价过程中发现的问题，提出改进建议。符合要求，得2分；其他情况，由审核员判断得0~1分；（2）提出改进建议，纳入下一周期的完整性管理方案。符合要求，得1分；否则，不得分
			12.1.1.6 效能评价结束后，应及时编制效能评估报告（1分）	审核二级单位：效能评价结束后，应及时编制效能评估报告，内容符合要求。做到得1分；否则，不得分
	12.2 站场效能评价（17分）	12.2.1 效能评价（17分）	12.2.1.1 建立效能评价管理程序和作业文件，相关人员清楚效能评价管理职责、流程及要求（2分）	审核二级单位：（1）建立效能评价程序和作业文件，且职责明确，内容完整，流程清晰。符合要求，得1分；否则，不得分；（2）相关人员清楚效能评价职责、流程及要求，全部清楚，得1分；否则，不得分

要素	审核项	审核内容	评分项	评分说明
			12.2.1.2 明确效能评价指标（3分）	审核二级单位： 根据完整性管理工作或危害因素效能评价指标，危害因素识别符合实际。符合要求，得3分；否则，不得分
			12.2.1.3 数据收集与处理（3分）	审核二级单位： （1）根据效能评价指标收集本次效能评价数据，数据收集全面、准确。符合要求，得2分；其他情况，由审核员判断得0～1分； （2）计算各评价指标值，并保存相关记录及文档资料。符合要求，得1分；否则，不得分
	12.2.1 效能评价（17分）		12.2.1.4 开展效能评价，制定评价结论（5分）	审核二级单位： （1）效能评价应每年开展一次。符合要求，得2分；否则，不得分； （2）对比分析开展各项实施各项完整性管理工作前后各项相关效能评估指标历年数据变化情况，并采用文字叙述结合分析图进行分析统计。符合要求，得2分；其他情况，由审核员判断得0～1分； （3）根据各项工作的效能评估结果及同题记录，给出效能评估分析结论。符合要求，得1分；否则，不得分
12. 效能评价与审核（48分）	12.2 站场效能评价（17分）		12.2.1.5 根据效能评估分析结果，制定改进建议（3分）	审核二级单位： （1）针对效能评估分析及评价过程中发现的问题，提出改进建议。符合要求，得2分；否则，不得分； （2）提出改进建议，纳入下一周期的完整性管理方案。符合要求，得1分；否则，不得分
			12.2.1.6 效能评价结束后，应及时编制效能评估报告（1分）	审核二级单位： 效能评价结束后，应及时编制效能评估报告，内容符合要求。做到得1分；否则，不得分

续表

要素	审核项	审核内容	评分项	评分说明
12. 效能评价与审核（48分）	12.3 审核与评审（13分）	12.3.1 管理审核（7分）	12.3.1.1 制定完整性管理审核方案（3分）	审核二级单位： （1）审核前应该进行策划，制定审核计划、审核形式、审核范围，审核频次、审核资源等，明确一个特定时间的审核计划、审核资源等。符合要求，得1分；否则，不得分； （2）成立完整性管理审核小组。符合要求，得1分；否则，不得分； （3）按照完整性管理审核方案，组织实施。符合要求，得1分；否则，不得分
			12.3.1.2 编制完整性管理审核报告（1分）	审核二级单位： 汇总和分析审核情况，得出审核结论，形成审核报告。符合要求，得1分；否则，不得分
			12.3.1.3 落实不符合项的纠正措施和预防措施（3分）	审核二级单位： 不符合项的纠正措施和预防措施得到有效整改。符合要求，得3分；其他情况，由审核员判定得0～2分
		12.3.2 管理评审（6分）	12.3.2.1 二级单位主要负责人每年至少召开一次管理评审会议（6分）	审核二级单位： （1）评审会由本单位主要负责人主持，全部做到，得1分；其他情况由审核员判断得0～1分； （2）针对完整性指标完成情况、"双高"管控情况，合规性情况等重大事项进行评审，全部做到，得1分；其他情况由审核员判断得0～1分； （3）确定了完整性管理的薄弱环节，管理改进等方面形成改进决议，全部做到，得1分；其他情况由审核员判断得0～1分； （4）针对组织机构重大调整，失效事件，外部环境变化等特定情况，形成改进决议，全部做到，得1分；其他情况由审核员判断得0～1分； （5）审核、检查、全部做到，失效事件，隐患等信息并对其进行评分析评估后形成管理评审报告，全部做到，得1分；其他情况由审核员判断得0～1分； （6）各级直线领导负责对管理评审决议落实并进行跟踪和验证，相关负责人和有关人员事整改落实情况，由审核员判断得0～1分

要素	审核项	审核内容	评分项	评分说明
13. 承包商与供应方（48分）	13.1 承包商管理（40分）	13.1.1 明确承包商管理要求（3分）	13.1.1.1 建立承包商管理制度，相关人员清楚职责、流程和工作要求（3分）	审核二级单位： （1）明确承包商管理部门，建立承包商管理制度或管理制度中明确相关要求，且职责明确、内容完整、流程清晰。得1分；未建立不得分。 （2）承包商主管部门及管理人员清楚管理职责、流程和工作要求，全部清楚，得2分；50%及以上清楚，得1分；低于50%清楚，不得分
		13.1.2 组织对承包商进行资质审查，建立合格承包商目录（5分）	13.1.2.1 按规定对承包商进行资质审查（3分）	审核二级单位： 按规定对承包商进行资质审查，准入的承包商能力满足完整性管理要求，符合要求，得3分；发现1个及以上合格承包商未进行资质审查或资质不符合规定，此"审核项"不得分
			13.1.2.2 承包商信息资料齐全、有效（1分）	审核二级单位： 承包商信息资料齐全、有效，审查记录完整。全部符合，得1分；否则，不得分
			13.1.2.3 建立合格承包商目录并及时更新（1分）	审核二级单位： 建立了合格承包商目录并及时更新。全部符合，得1分；否则，不得分
		13.1.3 承包商使用前管理（5分）	13.1.3.1 检查确认招标文件、合同中项目完整性管理要求，并明确各方职责（2分）	审核二级单位： （1）检查确认招标文件、合同中注明承包商的专业资质、人员能力、管道和站场完整性标准和费用等要求，符合要求，得1分；否则，不得分。 （2）检查确认招标文件、合同中明确甲方的监管责任、主体责任和乙方的主体责任。全部做到，得1分；否则，不得分
			13.1.3.2 对承包商的项目相关人员进行培训考核，开工前对承包商进行技术交底（3分）	审核二级单位： （1）对承包项目的主要负责人、质量负责人、完整性相关管理人员与工作业人员进行入场培训并考核合格，由审核员判断得0~2分；否则，不得分； （2）对承包商进行技术交底并有记录，得1分；否则，不得分

续表

要素	审核项	审核内容	评分项	评分说明
13. 承包商与供应方（48分）	13.1 承包商管理（40分）	13.1.4 组织开展承包商施工作业前能力评估（5分）	13.1.4.1 组织对承包商队伍人员资质能力开展准人评估（3分）	审核二级单位： 组织对承包队伍人员资质能力开展准人评估。包括参加项目所有人员的基本信息、相关资格证书和施工作业前培训证明等。全部做到，得3分；其他情况，由审核员判断得0～2分
			13.1.4.2 组织对承包商施工设备设施的性能进行评估（1分）	审核二级单位： 组织对承包商施工设备设施进行评估。主要包括主要设备设施的名称、型号规格、操作规程、检验检测合格证明等。否则，不得分
			13.1.4.3 组织对承包商完整性管理组织架构和管理需是否满足项目完整性管理要进行评估（1分）	审核二级单位： 组织对承包商完整性管理组织架构和管理制度是否满足项目完整性管理需设置承诺书、完整性管理专项资质及其备案、施工期完整性专项方案、施工方案、承包商开工证及评估。如：承诺书签订、完整性专项方案、技术交底、开工证明、施工作业人员入厂（场）前培训记录和施工作业期同培训计划等。符合要求，得1分；否则，不得分
		13.1.5 承包商施工作业过程中的监督检查和管理（3分）	13.1.5.1 相关人员按要求对作业过程进行现场监管和监督检查（1分）	审核二级单位、基层单位： 监督人员按要求进行现场监管和监督检查，并对关键作业实施驻站监督。全部做到，得1分；否则，不得分
			13.1.5.2 将承包商施工现场纳入完整性管理审核、现场监督检查和审核发现的问题要进行及时处理、整改或清退（2分）	审核二级单位： （1）将承包商施工现场纳入完整性管理体系审核，符合要求，得1分；否则，不得分； （2）现场监督检查和诊断评估中发现的问题，要及时处理、整改，符合要求，得1分；否则，不得分

续表

要素	审核项	审核内容	评分项	评分说明
13. 承包商与供应方(48分)	13.1 承包商管理(40分)	13.1.6 组织开展承包商评价,结果得到有效应用(5分)	13.1.6.1 组织开展承包商评价,结果得到有效应用(5分)	审核二级单位: (1)组织对承包商开展完整性管理评价,包括承诺书履行情况、人员履职能力、设备设施性能、日常管理情况等,教育培训等情况有效、记录完整,并有属地单位意见,应用于承包商选择使用中。全部满足,得0~3分; (2)根据完整性管理评价结果,应用至承包商选择得0~1分;其他情况,由审核员判断得0~2分;其他情况,由审核员判断得0~1分
		13.1.7 明确供应商管理要求、流程和工作要求(2分)	13.1.7.1 建立供应商管理制度或明确相关人员清楚职责、流程和工作要求(2分)	审核二级单位: (1)建立供应商管理制度,且职责明确、内容完整,流程清晰,符合要求。全部清楚,得1分;否则,不得分; (2)相关人员清楚相关职责、流程和工作要求,全部清楚,得1分;否则,不得分
	13.1.8 按规定选择供应商,建立合格供应商目录并及时发布(4分)	13.1.8.1 建立合格供应商目录并及时更新(1分)	审核二级单位: 建立合格供应商目录并及时更新。全部满足,得1分;否则,不得分
		13.1.8.2 按规定要求选择供应商,所有供应商满足资质要求(3分)	审核二级单位: (1)按规定要求选择供应商。全部满足,得2分;其他情况,由审核员判断得0~1分; (2)所有选择的供应商资质符合要求,得1分;发现存在未进行资质审查或资质不符合规定的情况的,此"审核项"不得分
	13.1.9 按要求对采购产品进行监造、检验、验收、储存和运输(3分)	13.1.9.1 按相关规定和合同要求对采购过程进行有效控制(3分)	审核二级单位: 按相关规定和合同要求对采购过程进行有效控制,采购产品的监造、检验、验收、储存、运输等满足要求。全部符合,得3分;其他情况,由审核员判断得0~2分

续表

要素	审核项	审核内容	评分项	评分说明
	13.1 承包商管理（40分）	13.1.10 明确供应商考评评价要求，组织开展供应商考核评价，评估结果得到有效应用（5分）	13.1.10.1 组织对供应商开展考核评价（5分）	审核二级单位： （1）组织对供应商开展考核评价，使用单位评价意见得到采纳，资料齐全有效，记录完整。全部符合，得3分；其他情况，由审核员判断得0～2分； （2）评估结果得到有效应用，建立淘汰机制，及时清退不合格供应商。全部符合，得2分；发现存在不符合的情况，此"审核容"不得分
13. 承包商与供应方（48分）	13.2 相关方管理（8分）	13.2.1 明确业务范围，与相关方做好及时沟通、反馈、报备、配合等工作（8分）	13.2.1.1 做好与相关方（地方政府、农户、商业场所、工业园区、人口密集区等）沟通、反馈、报备、配合，告知风险等工作（8分）	审核二级单位、基层站队： （1）按相关规定与相关方做好及时沟通、反馈、报备、配合等工作，并留存相关资料。全部符合，得5分；80%及以上相关信息进行了及时收集、反馈、处理，得3分；50%～80%收集、反馈、处理，得2分；低于50%，不得分； （2）及时主动将风险防范措施及应急措施通告相关方。全部符合，得3分；发现一项风险防范工业园区、人口密集区等相关区域时通告地方政府、农户、商业场所、措施及应急措施未及时通告相关方，得1分；其余，不得分

参考文献

[1]张玲，吴全．国外油气管道完整性管理体系综述[J]．石油规划设计，2008(04)：9 - 11＋50.

[2]姚安林，刘艳华，李又绿等．国内外油气管道完整性管理技术比对研究[J]．石油工业技术监督，2008(03)：5 - 12.

[3]董绍华，袁士义，张来斌等．长输油气管道安全与完整性管理技术发展战略研究[J]．石油科学通报，2022，7(03)：435 - 446.

[4]张华兵，周利剑，杨祖佩等．中石油管道完整性管理标准体系建设与应用[J]．石油管材与仪器，2017，3(06)：1 - 4.

[5]董绍华．中国油气管道完整性管理 20 年回顾与发展建议[J]．油气储运，2020，39(03)：241 - 261.

[6]姚安林，刘艳华，李又绿等．国内外油气管道完整性管理技术比对研究[J]．石油工业技术监督，2008(03)：5 - 12.

[7]侯丽娜，李远朋，闫伟等．油气田管道及站场完整性管理体系构建及融合方法[J]．油气田地面工程，2021，40(03)：63 - 69.

[8]董绍华，杨祖佩．全球油气管道完整性技术与管理的最新进展——中国管道完整性管理的发展对策[J]．油气储运，2007(02)：1 - 17＋62 - 63.

[9]张志浩，孙银娟，杨涛等．长庆油田小口径管道内检测机器人研究与应用[J]．石油与天然气化工，2020，49(01)：93 - 97.

[10]陈勇，喻友均，胡世豪等．提升容器本质安全的容器内防腐管理[J]．全面腐蚀控制，2022，36(10)：94 - 96.

[11]魏迎龙．靖边气田天然气管线完整性管理体系的建立和进展[D]．西安石油大学，2013.

[12]张志浩，孙银娟，杨涛等．长庆油田小口径管道内检测机器人研究与应用[J]．石油与天然气化工，2020，49(01)：93 - 97.